OPERAÇÕES UNITÁRIAS NA INDÚSTRIA DE ALIMENTOS E QUÍMICA

RAFAEL AUDINO ZAMBELLI

OPERAÇÕES UNITÁRIAS NA INDÚSTRIA DE ALIMENTOS E QUÍMICA

Freitas Bastos Editora

Copyright © 2024 by Rafael Audino Zambelli

Todos os direitos reservados e protegidos pela Lei 9.610, de 19.2.1998. É proibida a reprodução total ou parcial, por quaisquer meios, bem como a produção de apostilas, sem autorização prévia, por escrito, da Editora. Direitos exclusivos da edição e distribuição em língua portuguesa:
Maria Augusta Delgado Livraria, Distribuidora e Editora

Direção Editorial: Isaac D. Abulafia
Gerência Editorial: Marisol Soto
Revisão: Sabrina Dias
Diagramação e Capa: Madalena Araújo

Dados Internacionais de Catalogação na Publicação (CIP) de acordo com ISBD

Z24o	Zambelli, Rafael Audino
	Operações Unitárias nas Indústrias de Alimentos e Química / Rafael Audino Zambelli. - Rio de Janeiro, RJ : Freitas Bastos, 2024.
	276 p. : 15,5cm x 23cm.
	ISBN: 9 78-65-5675-377-5
	1. Indústria de Alimentos. 2. Operações Unitárias. 3. Química. I. Título.
	CDD 664
2024-127	CDU 664

Elaborado por Vagner Rodolfo da Silva - CRB-8/9410

Índice para catálogo sistemático:
1. Indústria de Alimentos 664
2. Indústria de Alimentos 664

Freitas Bastos Editora
atendimento@freitasbastos.com
www.freitasbastos.com

SUMÁRIO

CAPÍTULO 1
INTRODUÇÃO ÀS OPERAÇÕES UNITÁRIAS 9

    Introdução 9
1.1 Leis da Conservação 11
1.2 Balanço de Massa 14
1.3 Exercícios de fixação 28
1.4 Bibliografia Recomendada 32

CAPÍTULO 2
FUNDAMENTOS DA TRANSFERÊNCIA
DE QUANTIDADE DE MOVIMENTO 33

    Introdução 33
2.1 Reologia de fluidos 36
2.2 Medição das propriedades de fluxo
dos fluidos 52
2.3 Exercícios de fixação 67
2.4 Bibliografia Recomendada 69

CAPÍTULO 3
ESCOAMENTO E BOMBEAMENTO DE FLUIDOS 71

    Introdução 71
3.1 Comportamento dinâmico dos fluidos 73
3.2 Tipos de escoamento de fluidos 76
3.3 Balanço de Massa em tubulações 81
3.4 Balanço de energia em tubulações 85

3.5 Bombeamento de fluidos 100
3.6 Critério para escolha da bomba centrífuga
    ou de deslocamento positivo 107
3.7 Cavitação 109
3.8 Altura livre disponível na linha de
    sucção (NPSH) 113
3.9 Altura de Projeto 117
3.10 Curvas de desempenho de
    bombas centrífugas 119
3.11 Escolha da bomba adequada 125
3.12 Ponto de Operação 127
3.13 Bibliografia Recomendada 131

CAPÍTULO 4
AGITAÇÃO E MISTURA 135
    Introdução 135
4.1 Características de um agitador 137
4.2 Componentes de velocidade desenvolvidas
    dentro de agitadores 141
4.3 Projeto de agitadores 145
4.4 Determinação da potência requerida
    para agitação de fluidos newtonianos 148
4.5 Determinação da potência requerida
    para agitar fluidos não newtonianos 153
4.6 Ampliação da escala de operação
    de agitadores 160
4.7 Fatores de correção aplicados a agitadores 162
4.8 Tempo de mistura em agitadores 163
4.9 Exercícios de fixação 169
4.10 Bibliografia Recomendada 171

CAPÍTULO 5
FILTRAÇÃO 173

    Introdução 173
5.1 Fundamentos da Filtração 176
5.2 Formação da Torta de Filtração 177
5.3 Perda de carga em processos de filtração 179
5.4 Processo de filtração em queda de pressão constante 183
5.5 Exercícios de fixação 191
5.6 Bibliografia Recomendada 194

CAPÍTULO 6
SEDIMENTAÇÃO 195

    Introdução 195
6.1 Princípio da Sedimentação 196
6.2 Tipos de sedimentação 198
6.3 Dimensionamento de um processo de sedimentação 200
6.4 Exercícios de fixação 207
6.5 Bibliografia Recomendada 208

CAPÍTULO 7
CENTRIFUGAÇÃO 211

    Introdução 211
7.1 Componentes básicos de uma centrífuga 212
7.2 Tipos de centrífugas 214
7.3 Dimensionamento de centrífuga de cesto tubular 216
7.4 Mudança de escala 220
7.5 Exercícios de fixação 224
7.6 Bibliografia Recomendada 225

CAPÍTULO 8
OPERAÇÕES DE REDUÇÃO DE TAMANHO 227
    Introdução 227
8.1 Processo de redução de tamanho 228
8.2 Reologia de Sólidos 230
8.3 Métodos para a determinação de parâmetros reológicos de sólidos 238
8.4 Moagem 245
8.5 Leis de cominuição 248
8.6 Distribuição do tamanho de partícula 258
8.7 Exercícios de fixação 270
8.8 Bibliografia Recomendada 272

APÊNDICE A1 273

CAPÍTULO 1
INTRODUÇÃO ÀS OPERAÇÕES UNITÁRIAS

Neste capítulo você irá aprender sobre a definição e importância dos conceitos referentes às operações unitárias e os processos que envolvem as indústrias de alimentos e química, que servirão como base para o estudo aprofundado das operações unitárias que envolvem a transferência da quantidade de movimento.

INTRODUÇÃO

Uma operação unitária consiste em um estágio ou etapa específica e indivisível de processamento, manipulação, tratamento ou transformação de matérias-primas na indústria, a qual se destina a modificar as propriedades físicas, químicas, microbiológicas e sensoriais dos produtos.

Os alimentos e produtos químicos são formados por uma série de ingredientes que devem ser combinados a fim de que o produto resultante seja satisfatório e cumpra com determinadas especificações previstas em legislação própria. As operações unitárias permitem que a combinação destes ingredientes se tornem produtos.

Cada operação unitária deve descrever uma atividade particular que contribui para a produção eficiente e segura de produtos. A combinação de várias operações unitárias em sequência forma um processo completo de produção ou processamento de produtos.

A Figura 1 ilustra a definição de operação unitária e de processo.

A partir da análise da Figura 1 podemos verificar que existem quatro operações unitárias presentes neste processo: trituração, uma operação de redução de tamanho, cozimento e secagem, que envolvem a aplicação de calor, e embalagem. Cada uma destas etapas, em separado, é considerada uma operação unitária. Desta forma, a combinação ou junção de duas ou mais operações unitárias em sequência levam à formação de um processo.

A função de um processo é transformar diferentes matérias-primas em um produto apto para ser consumido ou utilizado por consumidores. Inicialmente, os processos envolvendo alimentos e produtos químicos, por exemplo, tinham como objetivo aumentar a sua vida de prateleira, ou seja, fazer com que mantivesse suas propriedades pelo maior período possível. No caso de alimentos, leva-se muito em consideração a contaminação microbiológica e as propriedades químicas para a avaliação da vida útil, enquanto para produtos químicos, as suas propriedades químicas e físicas devem ser avaliadas para mensurar a vida útil.

Figura 1. Diagrama de blocos de um processo genérico da indústria de alimentos.

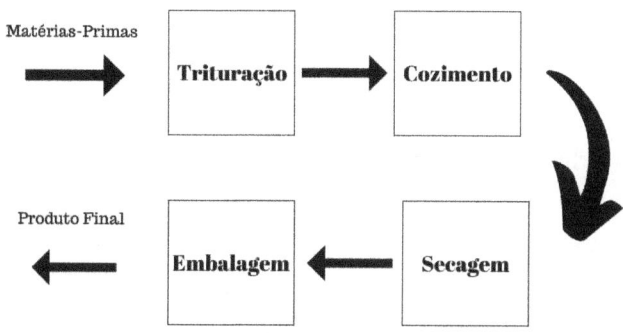

Fonte: Autor (2023).

1.1 LEIS DA CONSERVAÇÃO

As operações unitárias envolvidas no processamento de alimentos e produtos químicos são regidas pelas leis de conservação de massa e de energia. Estes conceitos são princípios fundamentais da física que descrevem como a quantidade total de massa e energia em um determinado sistema (ou processo) permanece constante ao longo do tempo. Elas são a base para o entendimento de diversos fenômenos naturais e processos físicos. A seguir, será apresentada a você cada uma delas.

A lei de conservação das massas afirma que a massa total de um determinado sistema permanece constante ao longo do tempo, não importando as transformações ou reações químicas que ocorram dentro dele, em outras palavras, a massa não pode ser criada nem destruída, apenas rearranjada em diferentes formas. Essa lei é uma das bases fundamentais da química e foi formulada pelo químico francês Antoine Lavoisier no final do século XVIII. Ela desempenhou um papel crucial no desenvolvimento da teoria química moderna e na compreensão das reações químicas. A lei da conservação da massa é consistentemente observada em todas as reações químicas conhecidas, e é um princípio fundamental na resolução de problemas envolvendo reações químicas e na análise de massas em laboratórios.

De modo semelhante, a lei da conservação de energia afirma que a energia total de um sistema isolado permanece constante ao longo do tempo. A energia não é criada nem destruída, apenas transformada de uma forma para outra. A lei da conservação de energia é fundamental para o entendimento de como a energia flui e se transforma em diferentes sistemas. Ela pode ser aplicada a uma ampla gama de situações, desde processos mecânicos simples até fenômenos complexos envolvendo reações químicas, transferências de calor e sistemas biológicos.

A lei da conservação de energia pode ser relacionada com outras leis físicas, como a lei da conservação da massa e a primeira lei da termodinâmica, a qual é uma expressão matemática mais detalhada desta lei para sistemas termodinâmicos.

Estes conceitos são importantes a partir do contexto do estudo dos processos a partir de balanços de massa e energia, os quais posteriormente podem ser aplicados às operações unitárias para o seu completo projeto, dimensionamento e funcionamento.

Na engenharia química, por exemplo, os engenheiros utilizam os princípios da conservação de massa e energia para analisar e otimizar processos de produção, reatores químicos, trocadores de calor, destilação, extração, filtração e muitas outras operações unitárias. Ao realizar balanços de massa e energia em um sistema, os engenheiros podem determinar como a matéria e a energia estão sendo transferidas e transformadas ao longo do processo. Isso é essencial para garantir a eficiência, a segurança e o controle de qualidade de sistemas industriais. Esses princípios também são aplicados em muitos outros campos da engenharia, como engenharia mecânica, engenharia elétrica e engenharia civil, para analisar sistemas complexos, projetar equipamentos e estruturas e garantir que eles atendam aos requisitos de desempenho e segurança.

Na engenharia de alimentos, os princípios da conservação de massa e energia também são de extrema importância. Eles desempenham um papel fundamental no projeto, na operação e na otimização de processos de produção de alimentos. Os engenheiros de alimentos utilizam balanços de massa para acompanhar a entrada e a saída de ingredientes e produtos em uma linha de produção de alimentos. Isso é essencial para garantir a consistência na qualidade e na quantidade dos produtos alimentícios. Os processos de produção de alimentos frequentemente envolvem transferência de calor e outros tipos de energia. Balanços de energia são usados para determinar os requisitos de aquecimento, resfriamento e outros processos térmicos para manter a segurança dos alimentos e a eficiência do processo.

Para garantir a segurança dos alimentos, é necessário controlar as temperaturas durante o processamento. Isso envolve o cálculo das taxas de transferência de calor e a aplicação de princípios de conservação de energia para dimensionar adequadamente os equipamentos, como trocadores de calor. Na produção de alimentos, a remoção de água é frequentemente necessária para aumentar a vida útil dos produtos. A secagem e a evaporação são processos que dependem da conservação de massa e energia para determinar o consumo de energia e a eficiência do processo. A pasteurização e a esterilização são processos críticos para a preservação de alimentos. Os engenheiros de alimentos usam os princípios da conservação de energia para projetar sistemas de aquecimento e resfriamento que atendam aos requisitos de segurança dos alimentos.

1.2 BALANÇO DE MASSA

O balanço de massa é um conceito fundamental nas indústrias de alimentos e química, assim como em muitos outros setores da engenharia e da produção. Ele se baseia na lei de conservação da massa. O processo começa com a aquisição de matérias-primas, como vegetais, carne, grãos, açúcar, reagentes, plastificantes, espessantes, entre outros. A quantidade de matéria-prima que entra na fábrica ou na planta de processamento deve ser medida e registrada com precisão.

Durante o processamento, as matérias-primas são transformadas em produtos. Isso pode envolver várias etapas, como corte, moagem, cozimento, fermentação, mistura entre outras. Em cada estágio, é importante medir e registrar o que entra e o que sai do processo, incluindo qualquer adição de ingredientes, perdas de água, evaporação etc.

Neste contexto, é importante que saibamos diferenciar os tipos de processos que uma indústria pode apresentar, tais como os processos descontínuos (batelada), semicontínuos e contínuos. Nos processos descontínuos, a alimentação é realizada uma única vez, com o processo desligado, em seguida, dá-se início ao processo e, depois de um determinado período, os produtos são retirados. Desta forma, durante a operação do sistema não existem fluxos de entrada e de saída do processo. Por outro lado, nos processos semicontínuos, uma das vazões está acontecendo à medida em que o processo está em operação, podendo ser a vazão de entrada (alimentação) ou a vazão de saída (produtos). Já nos processos contínuos, durante a operação do processo, as vazões de alimentação e de saída funcionam ao mesmo tempo.

Além disso, os processos podem ser classificados com relação ao acúmulo ou não de material no interior do processo. Neste caso, eles são classificados em estado estacionário (regime permanente) ou não estacionário (regime transiente). No caso dos processos em estado estacionário, as principais variáveis do processo não se alteram em função do tempo de operação, ou seja, se mantêm constantes. Já no processo em estado não estacionário ocorrem variações significativas das variáveis do processo em função do tempo, o que pode ser resultado de diferenças nos valores de vazão de entrada e de saída, ocorrência de reações químicas, consumo de microrganismos etc.

Imagine um equipamento onde é realizada a pasteurização do leite de forma contínua. Desta forma, o leite entra no equipamento, recebe calor, e sai do equipamento, portanto, temos a vazão de entrada (m_e) e uma vazão de saída (m_s), sendo assim, em teoria, não devemos ter nenhum acúmulo no interior do sistema. Contudo, digamos que foi observada uma diferença nos valores de entrada e de saída de leite, desta forma, existem algumas possíveis causas para este comportamento:

1. As medições foram realizadas de forma incorreta.
2. Existe um acúmulo de leite dentro do equipamento.
3. Ocorreu algum tipo de reação química que consumiu matéria ou gerou produtos.
4. O sistema apresenta vazamentos.

É importante que verifiquemos o processo com cautela para termos a certeza de que cada ponto foi averiguado. Considerando todas estas hipóteses, podemos escrever a equação geral do balanço de massa para um determinado volume de controle (processo ou operação unitária) da seguinte forma:

Acúmulo = (massa que entra − que sai) + (1)
(massa gerada − consumida)

Matematicamente, ela pode ser escrita como:

$$\dot{m}_A = (\dot{m}_E - \dot{m}_S) + (\dot{m}_G - \dot{m}_C) \qquad (2)$$

Esta é conhecida como a Equação Geral do Balanço de Massa e pode ser reduzida a depender das condições do processo. Por exemplo, em processos em batelada, a entrada e saída de massa são zero durante a operação do processo, logo, podem ser retiradas da equação. Nos processos contínuos, por sua vez, a entrada e saída são diferentes de zero. Nos processos semicontínuos, é necessário verificarmos qual das vazões não está operante durante o processo. Nos processos em estado estacionário, o acúmulo não está presente, por sua vez, no estado não estacionário ele deverá ser considerado. E por fim, na ausência de reações químicas, a massa gerada e consumida deverá ser desconsiderada.

Os problemas industriais que envolvem o balanço de massa levam em consideração a determinação das quantidades de material e propriedades específicas dos materiais em um determinado volume de controle. Por isso, se faz necessário o completo entendimento do processo, a fim de elucidar o que realmente está acontecendo, quais são as vazões de entrada e de saída em cada etapa, bem como se há ou não a ocorrência de acúmulos e reações químicas.

Para facilitar a análise e o entendimento, você deverá seguir alguns passos de modo a organizar as informações e permitir que seja realizada uma análise mais precisa de todo o processo:

1. Realize o desenho do fluxograma do processo envolvido;
2. Especifique as correntes do processo e quais os materiais estão envolvidos;
3. Escreva os valores e as respectivas unidades de cada corrente;
4. Destaque as variáveis desconhecidas e que necessitam ser encontradas durante a resolução do problema;
5. Verifique se todas as unidades estão no Sistema Internacional e se a análise dimensional está correta.

Os mesmos princípios se aplicam no balanço de massa de componentes individuais, assim como no balanço de massa total. Quando lidamos com sistemas que contêm múltiplos componentes, é importante considerar cada componente de forma separada. Se houver n componentes diferentes, podemos formular n equações independentes: uma equação para o balanço de massa total e n - 1 equações de balanço de componentes individuais.

O objetivo principal de um problema de balanço de material é determinar as quantidades e a composição das várias correntes de entrada e saída de um sistema. Frequentemente, é necessário estabelecer várias equações simultaneamente para resolver as incógnitas. É vantajoso incorporar as quantidades conhecidas das correntes de processo e as concentrações dos componentes no diagrama do processo, tornando mais fácil a contabilização de todos os locais onde um componente pode estar presente.

Ao realizar um balanço de material, é fundamental utilizar unidades de massa e expressar as concentrações em fração de massa ou porcentagem de massa. Se as quantidades estiverem originalmente em unidades de volume, é necessário converter para unidades de massa usando a densidade do material em questão.

Uma forma particularmente útil de equação de balanço de componentes, especialmente em problemas que envolvem concentração ou diluição, é a expressão da fração de massa ou porcentagem de peso. Isso permite acompanhar as mudanças na concentração dos componentes durante o processo.

Exercício resolvido

Duas misturas de óleo de soja e óleo de palma estão contidas em tanques separados. A primeira contém 40% (m/m) de óleo de soja e a segunda 70% (m/m). Se 200 litros da primeira serão combinados com 150 litros da segunda, determine qual massa e a composição da mistura de óleos final. Considere um sistema aberto, operando em estado estacionário e que não há a ocorrência de reações químicas.

Resolução:

Inicialmente, precisamos fazer um esboço do processo para melhorar a nossa compreensão:

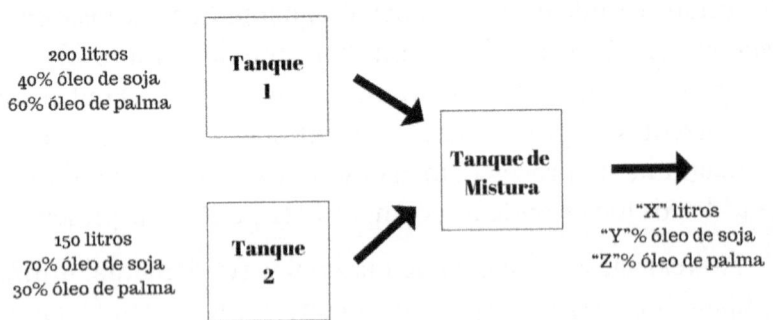

Fonte: Autor (2023).

O nosso fluxograma mostra claramente as misturas contidas no tanque 1 e 2, com as quantidades e composições com base no enunciado da questão. Desta forma, precisamos determinar a quantidade total da mistura final, bem como a sua composição. Para realizarmos estes cálculos, iremos utilizar a equação 2.

$$\dot{m}_A = (\dot{m}_E - \dot{m}_S) + (\dot{m}_G - \dot{m}_C)$$

Como o processo ocorre em estado estacionário e sem reações químicas, os termos referentes ao acúmulo de massa, massa gerada e massa consumida podem ser igualados a zero, sendo assim, temos que:

$$\dot{m}_E = \dot{m}_S$$

A massa que entra no tanque de mistura é referente ao tanque 1 e 2, logo:

$$\dot{m}_1 + \dot{m}_2 = \dot{m}_s$$
$$200 + 150 = \dot{m}_s$$
$$\dot{m}_s = 350\,L$$

Desta forma, a massa final no tanque de mistura será de 350 litros. Agora, temos que determinar a quantidade de óleo de soja e óleo de palma nesta mistura. Para isto, iremos utilizar o balanço de massa por componentes, onde levará em consideração a quantidade de cada óleo (fração mássica) em cada solução.

Iniciaremos pelo óleo de soja:

$$\dot{m}_1 + \dot{m}_2 = \dot{m}_s$$

$$\dot{m}_1 \cdot X_{\text{óleo de soja (1)}} + \dot{m}_2 \cdot X_{\text{óleo de soja (2)}} = \dot{m}_s \cdot X_{\text{óleo de soja (s)}}$$

$$200 \cdot 0{,}40 + 150 \cdot 0{,}70 = 350 \cdot X_{\text{óleo de soja (s)}}$$

$$X_{\text{óleo de soja (s)}} = 0{,}5286 = 52{,}86\%$$

Logo, podemos evidenciar que a solução final terá a sua composição definida em 52,86% de óleo de soja. Procedimento semelhante podemos realizar para o óleo de palma:

$$\dot{m}_1 + \dot{m}_2 = \dot{m}_s$$

$$\dot{m}_1 \cdot Y_{\text{óleo de palma (1)}} + \dot{m}_2 \cdot Y_{\text{óleo de palma (2)}} = \dot{m}_s \cdot Y_{\text{óleo de palma (s)}}$$

$$200 \cdot 0{,}6 + 150 \cdot 0{,}30 = 350 \cdot X_{\text{óleo de soja (s)}}$$

$$X_{\text{óleo de palma (s)}} = 0{,}4714 = 47{,}14\%$$

Portanto, a mistura final terá 350 litros e a composição será de 52,86% de óleo de soja e 47,14% de óleo de palma.

Exercício resolvido

Um tanque contém inicialmente 100 kg de detergente líquido. Por meio de uma tubulação, o detergente entra em um determinado tanque com a vazão de 2,0 kg/min, contudo, uma válvula aberta permite a transferência de detergente para uma envasadora a 4,0 kg/min. Determine em quanto tempo o tanque estará vazio.

Resolução:

Neste caso, podemos notar que a vazão de entrada é menor que a vazão de saída, portanto, a quantidade de detergente no interior do tanque varia em função do tempo, entretanto, também não temos a formação ou o consumo de massa através de reações químicas. Vamos realizar o fluxograma do processo:

Fonte: Autor (2023).

Desta forma, podemos utilizar a equação 2:

$$\dot{m}_A = (\dot{m}_E - \dot{m}_S) + (\dot{m}_G - \dot{m}_C)$$

Eliminando as variáveis referentes à reação química, temos que:

$$\dot{m}_A = (\dot{m}_E - \dot{m}_S)$$
$$\dot{m}_A = (2,0 - 4,0) = -2,0 \ kg/min$$

De acordo com os dados fornecidos, podemos perceber que o tanque está esvaziando a uma vazão de – 2,0 kg/min, o valor negativo demonstra que, no interior do tanque, a variável analisada está diminuindo com o tempo. Desta forma, a taxa de acúmulo pode ser descrita em função do tempo:

$$\dot{m}_A = \frac{dM}{dt}$$

Ao utilizarmos o conceito de derivada, estamos afirmando que o acúmulo da massa no interior do tanque é uma taxa em função da variação da quantidade de massa em função do tempo. Integrando esta equação, temos que:

$$M = -2,0 \cdot t + c$$

Onde c é a quantidade inicial de detergente presente no tanque quando t = 0 min. Logo:

$$M = -2,0 \cdot t + 100$$

Devemos lembrar que a questão deseja saber em quanto tempo o tanque estará vazio, portanto, para M = 0, sendo assim:

$$0 = -2,0 \cdot t + 100$$
$$2,0 \cdot t = 100$$
$$t = 50 \, min$$

Portanto, nestas condições, o tanque estará vazio após 50 minutos de processo.

1.2.1 Balanço de Massa em Múltiplos Estágios

Até este momento, aprendemos a analisar processos que envolvem apenas um equipamento, ou seja, apenas um único volume de controle. Contudo, a maioria dos processos industriais são totalmente interligados e, desta forma, possuem diversas unidades, as vezes até dezenas, de equipamentos totalmente interligados para a constituição um processo. O balanço de massa pode envolver um único volume de controle, ou vários, dependendo da complexidade do processo.

Quando temos mais de um volume de controle na análise do balanço de massa, ele pode ser chamado de Balanço de Massa em Múltiplos Estágios e é uma técnica utilizada nas engenharias química, de alimentos e de processos para analisar e otimizar processos de transferência de massa em sistemas que envolvem múltiplas unidades ou estágios. Esse conceito é frequentemente aplicado em operações de separação, como destilação, extração líquido-líquido, absorção e muitos outros processos que envolvem a transferência de substâncias de uma fase para outra.

A ideia fundamental por trás do balanço de massa em múltiplos estágios é dividir o processo em unidades menores e consecutivas, chamadas estágios, de modo a facilitar a análise e a otimização. Cada estágio é considerado como uma unidade individual na qual ocorre a transferência de massa. Em cada estágio, há uma entrada de fluxo, uma saída de fluxo e uma transferência de massa entre as fases. Para realizar um balanço de massa em múltiplos estágios, é necessário considerar as taxas de entrada e saída de cada componente em cada estágio e a taxa de transferência de massa entre as fases.

Na destilação, por exemplo, o balanço de massa é aplicado em cada estágio da coluna de destilação. A abordagem permite que o componente mais volátil suba e o menos volátil desça, o que é essencial para a separação eficiente de misturas líquidas. Cada estágio é projetado para maximizar a transferência de massa entre as fases. Na extração líquido-líquido, o balanço de massa é usado para projetar estágios onde um soluto é transferido de uma fase líquida para outra. Cada estágio é projetado para maximizar a extração do soluto desejado da fase de alimentação para a fase de extração.

A Figura 2 apresenta um exemplo de fluxograma para um balanço de massa em múltiplos estágios.

Figura 2. Fluxograma para um balanço de massa em múltiplos estágios.

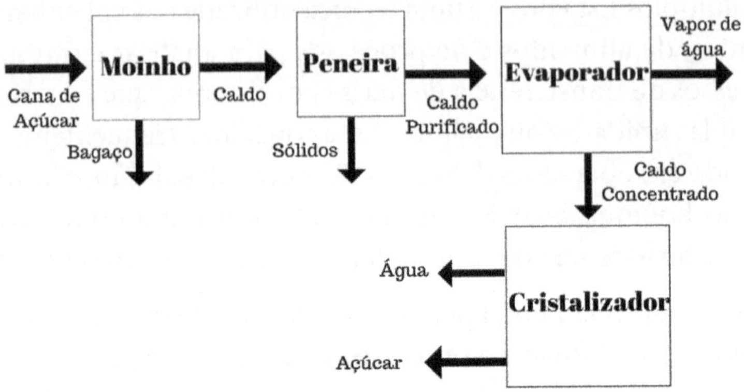

Fonte: Autor (2023).

Na figura 2 podemos observar o processamento do açúcar a partir da cana. O processo envolve um moinho, peneiras, evaporador e cristalizador. Em cada equipamento, há correntes de entrada e saída, representando as massas de material que entram e saem do processo através de cada equipamento. Dimensionar este processo a partir da análise do balanço de massa de todos os equipamentos consiste na análise em múltiplos estágios.

Exercício resolvido

Um processo de concentração de sólidos é realizado por membranas, onde, um produto com 12% de sólidos solúveis entra no processo a uma vazão não determinada. Durante o primeiro estágio de concentração, é liberado, como subproduto, também a uma vazão desconhecida, líquido com a concentração de 1% em sólidos. Após passar pelo estágio de concentração inicial, o produto segue para o segundo estágio com 20% de sólidos e, 4% é destinado a recirculação do fluido entre os estágios. A vazão de saída do produto é de 100 kg/min e apresenta concentração de 40%. Determine as vazões de entrada, recirculação, subproduto e a transferência entre os estágios.

Resolução:

Para entendermos como está funcionando o processo, temos que converter o texto da questão em um fluxograma, o qual está disponibilizado abaixo.

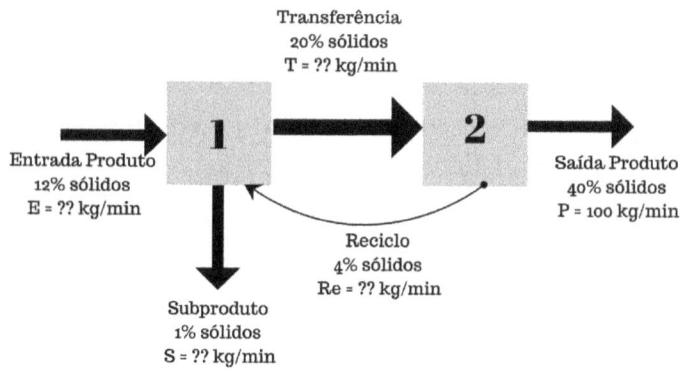

Fonte: Autor (2023).

A resolução deve ser iniciada com base no balanço global, ou seja, considerando toda a figura como um volume de controle único, portanto, temos como correntes de entrada, a entrada do produto, e como correntes de saída, a saída de subproduto e do produto. Logo, o balanço global é dado por:

$$E = S + P \rightarrow E = S + 100$$

Agora, o nosso volume de controle será apenas o estágio 1:

$$E + Re = S + T$$

Pois, no 1º estágio, o produto e o reciclo entram, enquanto a transferência e o subproduto saem.

Realizando agora o balanço no estágio 2:

$$T = Re + P \rightarrow T = Re + 100$$

O material transferido do estágio 1 entra no estágio 2, enquanto vazões de reciclo e de produto saem do estágio.

De posse dos balanços globais, podemos realizar o balanço por componentes, que neste caso, é o percentual de sólidos. Logo, aplicando ao balanço global, temos:

$$E \cdot X_{sólidos\,(E)} = S \cdot X_{sólidos\,(S)} + P \cdot X_{sólidos\,(P)}$$

Lembrando que a relação $E = S + 100$ é verdadeira, portanto:

$$(S + 100) \cdot (0{,}12) = S \cdot (0{,}01) + 100 \cdot (0{,}40)$$

$$0{,}12\,S + 12 = 0{,}01\,S + 40$$

$$S = \frac{28}{0{,}11} = 254{,}54 \; kg/min$$

Sendo assim, a vazão do subproduto é de 254,54 kg/min. Desta forma, se $E = S + 100$, a vazão de entrada é de 354,54 kg/min.

Agora, podemos analisar o balanço do 2º estágio:

$$T = Re + P$$

Lembrando que, pelo balanço global, a relação $T = Re + 100$ é verdadeira, logo:

$$T \cdot X_{sólidos\ (T)} = Re \cdot X_{sólidos\ (Re)} + P \cdot X_{sólidos\ (P)}$$

$$(Re + 100) \cdot 0{,}20 = Re \cdot (0{,}04) + 100 \cdot (0{,}40)$$

$$0{,}20\,Re + 20 = 0{,}04\,Re + 40$$

$$Re = \frac{20}{0{,}16} = 125{,}00\ kg/min$$

A vazão do reciclo é de 125,00 kg/min, o que por sua vez, faz com que a vazão de transferência seja 225,00 kg/min, pois $T = Re + 100$.

Portanto, neste processo a vazão de entrada é de 354,24 kg/min, e ao passar pelo primeiro estágio, 254,24 kg/min é descartado como resíduo, 225,00 kg/min é transferido para o segundo estágio, e 125 kg/min é recirculado do estágio 2 para o estágio 1, desta forma, satisfazendo todos os balanços de cada estágio, como podemos observar nas confirmações abaixo:

Estágio 1:

$E + Re = S + T$

$354{,}54 + 125{,}00 = 254{,}54 + 225{,}00$

$479{,}54 = 479{,}54$

Estágio 2:

$T = Re + P$

$225{,}00 = 125 + 100$

$225{,}00 = 225{,}00$

Balanço de Massa Global:

$E = S + P$

$354,54 = 254,54 + 100$

$354,54 = 354,54$

1.3 EXERCÍCIOS DE FIXAÇÃO

1. Explique o que são as operações unitárias. Qual a importância dessas operações no processamento de matérias-primas?

2. Explique os fundamentos da Lei da Conservação das Massas e como ela se aplica às operações unitárias da indústria.

3. Explique como funciona a Lei da Conservação de Energia e como ela se aplica às operações unitárias da indústria.

4. Elabore um fluxograma envolvendo que contenha as operações unitárias na produção de iogurte e creme hidratante.

5. Como o balanço de massa é aplicado na indústria de alimentos para minimizar o desperdício de matéria-prima e maximizar o rendimento dos ingredientes?

6. Suco concentrado de laranja é feito concentrando o suco de concentração única a 65% de sólidos seguido de diluição do concentrado para 45% de sólidos usando suco de concentração única. Desenhe um diagrama para o sistema e configurar balanços de massa para todo o sistema e para tantos subsistemas quanto possível.

7. Um processo de cristalização é utilizado para produzir açúcar cristalizado a partir de uma solução concentrada de açúcar. Considere as seguintes etapas do processo: Na entrada do processo, 100 kg de uma solução concentrada de açúcar são fornecidos. Esta solução contém 85% de sacarose, 1% de impurezas solúveis em água e 14% de água. Durante o resfriamento, o açúcar na solução começa a cristalizar, formando cristais sólidos. É importante destacar que apenas a sacarose cristaliza nesse processo. Os cristais de sacarose são separados da fração líquida restante, que é chamada de "licor-mãe," por meio de uma centrífuga. A fração de pasta resultante, que contém cristais de sacarose, consiste em 20% de líquido por peso. Esse líquido tem a mesma composição do licor-mãe. O licor-mãe, a parte líquida removida após a cristalização, contém 60% de sacarose em peso. Qual é a quantidade de sacarose cristalizada final obtida a partir da solução concentrada de açúcar de 100 kg? Além disso, determine a quantidade de licor-mãe produzida e sua composição em termos de sacarose e água. Utilize o princípio de balanço de massa para resolver o problema.

8. Quantos quilogramas de uma solução contendo NaCl a 10% podem ser obtidos diluindo 15 kg de uma solução a 20% com água?

9. Qual seria a diminuição de peso ao reduzir a umidade de um material de 80% para 50%?

10. Uma fábrica de suco de laranja processa 10.000 kg de laranjas por dia para obter suco. As laranjas contêm, em média, 12% de açúcar. Durante o processamento, 100 kg de água são adicionados. Calcule a concentração de açúcar no suco resultante.

11. Uma fábrica de biscoitos deseja fazer uma mistura de ingredientes para uma nova linha de produtos. A mistura deve conter 20% de farinha, 10% de açúcar, 5% de manteiga e 65% de outros ingredientes (como chocolate e frutas). Se a fábrica deseja produzir 500 kg da mistura, quantos quilogramas de cada ingrediente são necessários?

12. Uma empresa de laticínios deseja produzir 1.000 litros de leite condensado com 30% de teor de sólidos não gordurosos (SNG). Se o leite disponível tem 8% de SNG, quantos litros de leite são necessários e quanto de água deve ser removido no evaporador para atingir a concentração desejada?

13. Uma fábrica de detergentes deseja produzir 1.000 litros de detergente líquido com 10% de tensoativo, 2% de fragrância, 1% de corante e 87% de água. Se a fábrica tem disponível um concentrado de detergente com 30% de tensoativo, uma fragrância pura, um corante puro e água, calcule as quantidades necessárias de cada ingrediente para atender à produção planejada.

14. Uma fábrica de tintas deseja produzir 2.000 litros de tinta látex com 30% de pigmento, 5% de espessante, 1% de agente antiespumante e 64% de água. Se a fábrica tem disponível um concentrado de pigmento, um espessante puro, um agente antiespumante puro e água, calcule as quantidades necessárias de cada ingrediente para produzir a quantidade desejada de tinta látex.

15. Uma empresa de cosméticos deseja produzir 500 kg de creme hidratante com 20% de óleo, 10% de água, 5% de emulsificante e 65% de outros ingredientes (conservantes, fragrâncias etc.). Se a empresa tem óleo puro, água destilada, emulsificante puro e outros ingredientes

disponíveis, calcule as quantidades necessárias de cada ingrediente para fazer a quantidade desejada de creme hidratante.

16. Uma fábrica de processamento de frutas deseja produzir suco de maçã concentrado a partir de maçãs frescas. O processo envolve duas etapas: extração do suco das maçãs e evaporação para concentrar o suco. A empresa deseja produzir 1.000 litros de suco concentrado com 70% de sólidos solúveis totais (SST) a partir de maçãs frescas com 15% de SST.

17. Na produção de óleo de milho, grãos de milho contendo 14,0% em massa de óleo e 86,0% de sólidos são moídos e vertidos em um tanque agitado (extrator), junto com uma corrente reciclada de n-hexano líquido. A razão de alimentação é de 6 kg de hexano/kg de grãos moídos. Os grãos moídos são suspensos no líquido, e praticamente todo o óleo nos grãos é extraído pelo hexano. O efluente do extrator passa para um filtro. A torta de filtro contém 72,0% em massa de sólidos e o resto é óleo e hexano, na mesma razão com que saem do extrator. A torta de filtro é descartada e o filtrado líquido é vertido em um evaporador, no qual o hexano é vaporizado e o óleo permanece como líquido. O óleo é armazenado em tambores e comercializado. O vapor de hexano é subsequentemente resfriado e condensado, e o hexano líquido é reciclado para o extrator. Considerando estas informações, informe o rendimento do óleo de milho (kg de óleo/kg de grãos), a alimentação de hexano requerida e a razão do reciclo para a alimentação.

1.4 BIBLIOGRAFIA RECOMENDADA

JUNIOR, A. C. B.; CRUZ, A. J. G. *Fundamentos de balanços de massa e energia*. 2. ed. São Carlos: Edufscar, 2013. 250 p.

MEIRELES, M. A. A.; PEREIRA, C. G. F*undamentos de Engenharia de Alimentos*. 1. ed. São Paulo: Editora Atheneu, 2013. 815 p. v. 6.

SINGH, R. P.; HELDMAN, D. R. *Introduction to Food Engineering*. 5. ed. London: Elsevier, 2014. 892 p.

TADINI, C. C.; TELIS, V. R. N.; MEIRELLES, A. J. A.; FILHO, P. A. P. *Operações Unitárias na Indústria de Alimentos*. 1. ed. Rio de Janeiro: Editora LTC, 2016. 562 p. v. 1.

TOLEDO, M. R. Fundamentals of Food Process Engineering. 3. ed. Springer: New York, 2007. 585 p.

VARZAKAS, T.; TZIA, C. *Food Engineering Handbook – Food Engineering Fundamentals*. 1. ed. Boca Raton: CRC Press, 2015. 596 p.

CAPÍTULO 2
FUNDAMENTOS DA TRANSFERÊNCIA DE QUANTIDADE DE MOVIMENTO

Neste capítulo, o assunto sobre transferência de quantidade de movimento será discutido do ponto de vista do escoamento de fluidos, da sua resistência ao escoamento e modelos reológicos, além de suas implicações no projeto de um sistema de manuseio de fluidos. Você será capaz de compreender os principais aspectos que envolvem a movimentação de fluidos.

INTRODUÇÃO

A transferência de quantidade movimento consiste em um dos três fenômenos de transporte mais importantes para o dimensionamento de equipamentos e processos no âmbito da indústria de alimentos e química. Este está diretamente relacionado ao escoamento de fluidos por tubulações, equipamentos e superfícies.

Este mecanismo de transferência consiste em uma das leis fundamentais da física que descreve como o movimento de um sistema de partículas ou corpos se modifica quando interagem entre si. É uma consequência da terceira lei de Newton, a lei da ação e reação.

Os fluidos são substâncias que apresentam a capacidade de fluírem sem que ocorra a sua desintegração quando a pressão é aplicada. Este comportamento também pode ser denominado de deformação plástica, a qual é característica de fluidos líquidos e gases.

Para entendermos melhor como funciona o princípio da transferência da quantidade de movimento considere uma placa de madeira sob uma superfície com água, conforme ilustra a Figura 3.

Figura 3. Placa plana sob uma superfície de água.

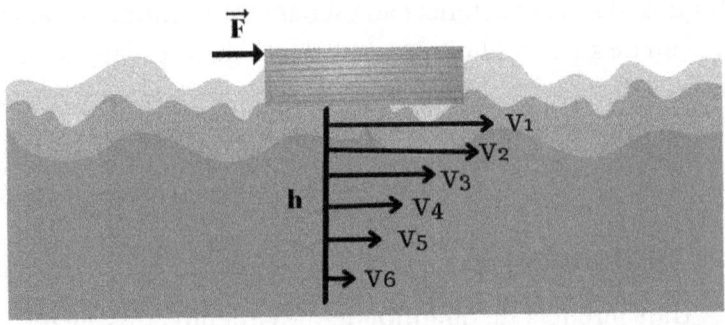

Fonte: Autor (2023).

Ao aplicarmos uma força (F) de forma perpendicular à superfície da placa, fazemos com que ela se mova na direção da força e começa a deslocar-se sob a superfície de água. Desta forma, a força é transferida para a placa e convertida em energia cinética (movimento).

Agora vamos observar o que acontece com as camadas de água que estão abaixo da placa. Este reservatório de água possui uma determinada profundidade (h) e após a movimentação da placa, as camadas de água mais próximas da placa também irão se movimentar, através do fenômeno da transferência de quantidade de movimento.

Desta forma, parte da energia acumulada na placa a partir da aplicação da força será transferida para as camadas de água subsequentes. Quanto mais próxima a camada de água da placa, maior será a energia transferida, pois neste processo de transferência, parte da energia é dissipada na forma de força de atrito. Esta força de atrito é responsável, por exemplo, pelo fato de que quando derramamos um copo com água, ele não escoe vários metros ou quilômetros, é uma força contrária ao movimento de escoamento.

Por isso, temos que a velocidade V_1 é superior à velocidade V_2 e assim sucessivamente, pois, a cada transferência, há perda de energia, de modo que a V_6 é quase nula, porque a maior parte da energia já foi transferida e dissipada.

Sendo assim, quanto maior a força aplicada sobre a placa, maior será a sua deformação, então temos que:

$$F \propto \gamma \tag{3}$$

Onde:

F é a força (N) e γ é a deformação (1/s)

Desta forma, para convertermos uma proporção para uma igualdade, é necessária a aplicação de uma constante, neste caso, ela deverá representar a força de atrito contrária ao movimento.

No contexto de fluidos líquidos, esta força de atrito, que é contrária ao movimento, é denominada de **viscosidade** e consiste em uma medida de resistência ao fluxo de um fluido.

A viscosidade é um importante parâmetro reológico, que precisa ser medido com precisão em várias aplicações industriais para melhorar a qualidade do produto (Singh *et al.*, 2022).

Portanto, a equação básica para representar a relação entre força e deformação é dada por:

$$F = \mu . \gamma \tag{4}$$

Onde:

μ é a viscosidade do fluido (Pa.s).

Embora as moléculas de um fluido estejam em constante movimento, a velocidade resultante em uma determinada direção é zero, ao menos que seja aplicada alguma força que cause o movimento. A magnitude da força necessária para promover o movimento ao fluido a uma determinada velocidade está relacionada com a viscosidade de cada fluido. Desta forma, a força aplicada deve ser superior à força contra o movimento ocasionada pela viscosidade para que haja o movimento das partículas em uma direção específica.

2.1 REOLOGIA DE FLUIDOS

Fluidos líquidos são amplamente encontrados na vida cotidiana. Nesta seção, os fluidos que fluem sob gravidade e mudam de forma de acordo com o recipiente em que estão serão considerados fluidos líquidos. Alguns fluidos como sorvetes, gorduras, coloides e cremes, existem como sólidos em certas temperaturas e líquidos em outras. Devido à grande variação em sua estrutura e composição os fluidos apresentam comportamentos distintos, os quais são explicados a partir do entendimento das relações entre a tensão de cisalhamento e a deformação.

A relação entre a tensão de cisalhamento aplicada, a deformação do fluido e como a viscosidade se comporta durante o processo de aplicação da força permitiu a classificação dos fluidos quanto a sua reologia.

Por definição, a reologia é derivada das palavras gregas *rheo* e *logia* que significam escoamento e ciência, respectivamente. Desta forma, a reologia é considerada a ciência que estuda o escoamento dos materiais, sejam eles sólidos, semissólidos ou líquidos.

As propriedades de escoamento dos fluidos são determinadas com vários objetivos: controle de qualidade, compreensão de sua estrutura, processos e aplicações da engenharia e correlações com parâmetros sensoriais no caso de alimentos.

2.1.1 Fluidos independentes do tempo

Neste capítulo, vamos nos deter à classificação dos fluidos líquidos com base no seu comportamento quando uma tensão de cisalhamento (τ) é aplicada, conforme mostrado na Figura 4.

Figura 4. Comportamento dos fluidos a partir da aplicação de uma tensão de cisalhamento.

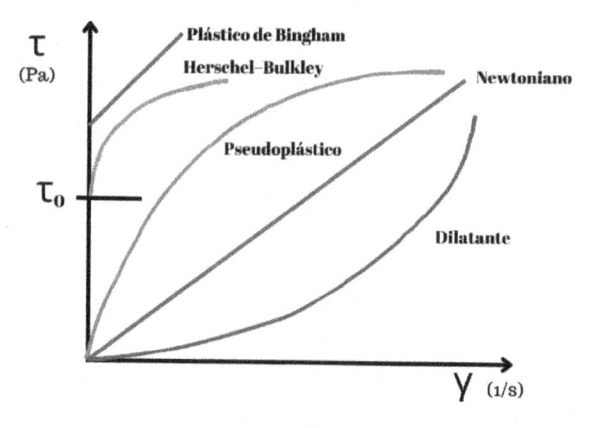

Fonte: Autor (2023).

Os processos de fluxo típicos no processamento industrial incluem bombeamento, mistura/agitação, dispersão, extrusão, centrifugação, filtração, sedimentação, revestimento e moldagem por injeção e pulverização (Fischer e Windhab, 2011).

Todas estas operações fornecem tensões de cisalhamento aos fluidos e entender como o fluido reage à aplicação da força se faz necessária para o correto dimensionamento dos processos.

Os fluidos newtonianos são aqueles que apresentam uma relação linear entre a tensão de cisalhamento e a taxa de deformação. Desta forma, a inclinação da curva é constante, portanto, a viscosidade de um fluido newtoniano é considerada independente da tensão de cisalhamento aplicada, ou seja, para qualquer valor de tensão aplicada, o valor da viscosidade do fluido será o mesmo. Fluidos newtonianos apresentam índice de comportamento (n) igual a 1,0.

A modelagem matemática para um fluido newtoniano é apresentada na equação 5.

$$\tau = \mu \cdot \gamma \qquad (5)$$

São exemplos de fluidos newtonianos a água, sucos clarificados, refrigerantes, óleos vegetais, soluções açucaradas e salinas diluídas e bebidas com elevado teor alcoólico. Solventes orgânicos como o tolueno, éter etílico e acetona, limpadores multiuso e líquidos puros utilizados em processos químicos (ácidos e bases) apresentam comportamento newtoniano.

Todos os fluidos que apresentam modelagem matemática divergente da equação 5 são considerados fluidos não newtonianos. Estes fluidos apresentam comportamentos de espessamento ou afinamento a partir da aplicação da tensão de cisalhamento e alguns exibem uma tensão inicial de escoamento, ou seja, uma força necessária que deve ser aplicada e, após superá-la, o fluido começa a escoar.

Dentro do grupo dos fluidos não newtonianos existem os fluidos pseudoplásticos. Sua principal característica é a redução da viscosidade à medida que a tensão de cisalhamento aumenta, isto significa que quanto maior a magnitude da força aplicada o fluido fluirá com maior facilidade, pois a sua viscosidade será reduzida.

A equação 6 apresenta a modelagem matemática para os fluidos pseudoplásticos.

$$\tau = K \cdot \gamma^n \tag{6}$$

Onde:

K é o índice de consistência do fluido ($Pa.s^n$) e n é o índice de comportamento do fluido (adimensional).

São exemplos de fluidos pseudoplásticos os cremes batidos e sobremesas lácteas como pudins e mousses que, muitas vezes, exibem comportamento pseudoplástico, além de geleias e gelatinas. Na indústria química podem ser citadas tintas e vernizes de comportamento pseudoplástico que permitem a aplicação uniforme em superfícies, facilitando o processo de revestimento, além de produtos de limpeza, fluidos de perfuração de petróleo, polímeros fundidos para a moldagem e formação de peças, e soluções utilizadas em processos químicos de modo a facilitar a agitação.

A diminuição dos valores de viscosidade em fluidos pseudoplásticos ocorre devido a diferentes mecanismos que afetam a organização e o movimento das partículas e moléculas que compõem o fluido quando ele é submetido a uma tensão de cisalhamento.

Os principais fenômenos que podem ocasionar a redução da viscosidade em fluidos pseudoplásticos são:

1. **Desalinhamento molecular ou de partículas**: neste caso, a tensão de cisalhamento pode ser forte o suficiente para

promover o desalinhamento e separação de partículas que anteriormente estavam unidas. Este desalinhamento diminui o tamanho e peso molecular das partículas e ocasiona a redução da viscosidade. Na indústria de alimentos, o desalinhamento molecular pode facilitar o processamento de massas para a fabricação de pães, bolos e biscoitos, tornando a mistura e a moldagem mais eficientes. Em produtos cosméticos, o desalinhamento pode ser utilizado para produzir géis e pomadas que mantenham a sua estrutura, facilitando a aplicação e aderência. Na indústria de petróleo o desalinhamento de partículas em lama de perfuração pode melhorar o transporte de partículas e materiais de perfuração, mantendo o fluido em condições adequadas de perfuração.

2. **Redução de interações intermoleculares**: a movimentação do fluido ocasiona uma diminuição nas forças de atração intermoleculares que, normalmente, impediram o movimento das moléculas ou partículas. Com a aplicação da tensão de cisalhamento essas forças são reduzidas e o fluido flui de forma mais fácil. A redução temporária das interações intermoleculares pode favorecer a mistura de ingredientes em produtos alimentícios e cosméticos, melhorando a consistência e qualidade dos produtos. Em cremes, melhora a absorção dos componentes pela pele, enquanto pode facilitar a dispersão uniforme de pigmentos e outros componentes presentes em formulações de tintas.

3. **Formação de estruturas temporárias**: neste tipo de fluido, as partículas e moléculas podem se organizar, de forma temporária, em estruturas mais complexas que promovam uma viscosidade inicial mais elevada. Contudo, a partir do aumento da tensão de cisalhamento aplicada,

estas estruturas podem ser quebradas, o que resulta em uma diminuição no valor da viscosidade e permite um comportamento mais fluido durante o escoamento. A formação de estruturas temporárias pode ser explorada para criar texturas específicas em geleias, gelatinas, recheios de biscoito, pomadas, cremes e loções.

4. **Efeito de lubrificação**: o movimento de partículas ou moléculas em resposta à tensão de cisalhamento pode promover camadas de lubrificação entre elas. Estas camadas reduzem o atrito interno, permitindo que elas deslizem umas sobre as outras mais facilmente, o que reduz a viscosidade. Este efeito tem várias implicações práticas com aplicações industriais, por exemplo, em produtos como tintas, loções, cremes hidratantes, molhos, maionese e condimentos, o efeito de lubrificação facilita a aplicação suave e uniforme sobre superfícies.

5. **Reorganização do empacotamento de partículas**: em suspensões de partículas como suco de caju, tintas ou lamas de perfuração, a reorganização das partículas em resposta à tensão de cisalhamento pode ocasionar a redução da resistência ao fluxo, e, portanto, na viscosidade. Este fenômeno se refere à capacidade das partículas suspensas no fluido promoverem um rearranjo em resposta à tensão de cisalhamento.

Por sua vez, os fluidos não newtonianos classificados como **dilatantes** apresentam o **aumento da viscosidade** em função da tensão de cisalhamento aplicada, ou seja, se tornam mais espessos e a resistência ao fluxo aumenta. A explicação para este comportamento envolve interações complexas entre as partículas e moléculas do fluido, que podem se alinhar ou aglomerar em resposta ao cisalhamento.

A equação 7 apresenta a modelagem matemática para os fluidos dilatantes:

$$\tau = K \cdot \gamma^n \qquad (7)$$

São exemplos de fluidos dilatantes molhos à base de amido, sangue, soluções de goma arábica, colas, suspensões de óxido de titânio e suspensões com elevado teor de sólidos.

Quando uma força de cisalhamento é aplicada em um fluido dilatante, as partículas presentes no fluido começam a se rearranjar ou alinhar de um modo que haja a formação de uma estrutura mais densa e compacta, o que resulta em um aumento na resistência ao fluxo, e, portanto, em uma viscosidade maior. Em nível microscópico, pode ocorrer interações entre as partículas que promovam o agrupamento de partículas, desta forma, com o aumento da força de cisalhamento, as forças de interação entre as partículas aumentam, ocasionando uma maior resistência ao movimento das partículas. O comportamento dos fluidos dilatantes pode ser bastante complexo e variar de acordo com a concentração e o tamanho das partículas sólidas presentes no fluido, sua composição e outras propriedades como a densidade.

Os principais fenômenos que podem ocasionar o aumento da viscosidade em fluidos dilatantes são:

1. **Estrutura das partículas**: A natureza das partículas pode contribuir diretamente para o comportamento dilatante. Partículas que possuam uma maior afinidade química para a formação de agrupamentos ou alinhamentos podem formar estruturas que resistem ao fluxo, aumentando a viscosidade.

2. **Formação de aglomerados**: em sistemas onde as partículas possuem afinidade pela outra, o aumento da taxa

de cisalhamento pode fazer com que estas partículas formem aglomerados, criando uma rede que dificulta a mobilidade molecular e aumenta a viscosidade.

3. **Alteração no espaçamento das partículas**: a partir da aplicação da tensão de cisalhamento, as partículas podem ser afastadas ou aproximadas dependendo da força de interação entre elas. Em caso de redução do espaçamento entre as partículas, a resistência ao fluxo aumenta, levando a um componente dilatante. Pois o agrupamento provoca um aumento no diâmetro médio das partículas e da sua densidade, o que aumenta a viscosidade.

4. **Rompimento de estruturas frágeis**: o fluido pode conter algumas estruturas frágeis que são quebradas por conta da aplicação de um cisalhamento intenso. Em alguns casos, a quebra destas estruturas pode aumentar a viscosidade.

5. **Interações hidrodinâmicas**: à medida que a tensão de cisalhamento aumenta, as interações hidrodinâmicas entre as diferentes partículas que compõem o fluido podem aumentar, provocando uma elevação nos valores de viscosidade.

Os fluidos Plástico de Bingham e Herschel-Bulkley possuem uma resistência inicial ao fluxo antes de começarem a se comportarem como fluidos viscosos. Desta forma, são fluidos que se assemelha a um comportamento viscoelástico, pois, quando são aplicadas tensões de cisalhamento inferiores à resistência inicial ao fluxo, o fluido se comporta como um sólido, apresentando uma deformação elástica, ou seja, o fluido se deforma até uma certa magnitude e, após o encerramento da aplicação da força, ele retorna à sua condição original. Contudo, se a tensão de cisalhamento for superior ao valor da resistência inicial ao fluxo, a deformação predominante é plástica e o fluido escoa normalmente.

A principal diferença entre estes dois fluidos se dá ao momento do escoamento, pois, o Plástico de Bingham se comporta como fluido newtoniano, desta forma, a viscosidade não varia em função da tensão de cisalhamento aplicada, enquanto o fluido Herschel-Bulkley escoa como um fluido pseudoplástico, observando-se uma redução na viscosidade com o aumento da tensão de cisalhamento aplicada.

Podemos citar como exemplos de fluidos que seguem o modelo de Plástico de Bingham as pastas de dente, que é um exemplo clássico deste tipo de fluido, pois ela permanece inerte até que uma força suficiente seja aplicada ao apertar o tubo, e, a partir disto, ela começa a fluir. Na indústria do petróleo, fluidos de perfuração podem exibir este comportamento, pois necessitam que uma pressão mínima seja aplicada para vencer a inércia.

Já para os fluidos que seguem o modelo Herschel-Bulkley temos o *Ketchup*, maionese, iogurtes, alguns molhos à base de amido, molhos particulados e algumas polpas de frutas concentradas. Na indústria química, as polpas de minério, que consistem em partículas sólidas suspensas em um líquido, podem exibir este tipo de comportamento, além disso, alguns materiais de construção como argamassas e pastas cimentícias, bem como em algumas situações na indústria do petróleo, as lamas de perfuração podem exibir este comportamento.

As equações 8 e 9 apresentam a modelagem matemática para os fluidos Plástico de Bingham e Herschel-Bulkley, respectivamente.

$$\tau = \tau_0 + \mu \cdot \gamma \qquad (8)$$

$$\tau = \tau_0 + \mu_p \cdot \gamma^n \qquad (9)$$

Onde:

τ_0 é a tensão inicial para o escoamento (Pa) e μ_p é a viscosidade plástica (Pa.s).

2.1.2 Outros modelos reológicos

Diversos autores propuseram outros modelos matemáticos para descrever comportamentos específicos de determinados tipos de fluidos que são independentes do tempo. O mais conhecido foi a modelagem matemática proposta por Casson em 1959 e, de acordo com Fordham *et al.*, (1991), consiste em um modelo empírico originalmente proposto para descrever o comportamento reológico de tintas de impressão, mas também é utilizado para fluidos de perfuração, que são principalmente suspensões de betonita.

É um dos diversos modelos utilizados para descrever o comportamento viscoelástico de fluidos não newtonianos. É particularmente aplicado para a descrição de fluidos que apresentam um limiar de escoamento antes de começarem a fluir. Geralmente, o modelo de Casson é aplicado para descrever fluidos, suspensões coloidais, fluidos sanguíneos e determinados fluidos alimentícios, como o chocolate fundido, inclusive foi estabelecido como método oficial pela *International Office of Cocoa and Chocolate*. Além disso, o modelo de Casson é comumente utilizado para destacar o comportamento de afinamento nos fluidos em função da temperatura (Nazeer *et al.*, 2021).

A aplicação deste modelo na modelagem reológica do chocolate se dá especialmente em temperaturas onde o produto se encontra no estado semissólido ou gelatinoso e envolve a compreensão de como a tensão de cisalhamento se relaciona com a taxa de deformação em diferentes condições de temperatura e composição do chocolate.

Este modelo leva em consideração tanto a viscosidade aparente do fluido quanto o limite de escoamento, o que é importante em algumas situações industriais onde o início do fluxo é um aspecto importante como na aplicação de tintas, cosméticos e produtos farmacêuticos.

A Tabela 1 apresenta outros modelos reológicos que foram desenvolvidos.

Tabela 1. Outros modelos reológicos.

Modelo	Equação
Casson	$\tau^{0,5} = \tau_0^{0,5} + K_{Cass} \cdot \gamma^{0,5}$
Sisko	$\tau = \mu_\infty \cdot \gamma + K(\gamma)^n$
Cross	$\mu = \mu_\infty + \dfrac{\mu_0 - \mu_\infty}{1 + (K_{Cross} \cdot \gamma)^n}$
Ellis	$\gamma = K_1 \tau + K_2 \tau^n$
Carreau	$\mu = \mu_\infty + (\mu_0 - \mu_\infty) \cdot [1 + (K_{Carr} \cdot \gamma)^2]^{\frac{(n-1)}{2}}$

Vamos detalhar cada um deles?

O modelo reológico desenvolvido por Sisko é outro modelo aplicado para explicar o comportamento viscoelástico de fluidos não newtonianos e é aplicado para fluidos que apresentam um comportamento entre fluidos newtonianos e fluidos puramente viscosos ou elásticos. As correlações reológicas do fluido Sisko determinam com precisão as relações entre tensão e deformação para fluidos poliméricos (Almaneea, 2022).

De acordo com Zaman *et al.*, (2016), ele estende o modelo da lei da potência para a inclusão de um valor finito de viscosidade à medida em que as tensões de cisalhamento se aproximam do infinito. Neste sentido, o modelo é capaz de prever a reologia de fluidos em altas taxas de cisalhamento.

Consiste em uma generalização do modelo de viscosidade de Newton, pois inclui um termo adicional $(K(Y)^n)$ que descreve o comportamento não newtoniano e é uma forma de descrever a componente elástica do comportamento do fluido, enquanto $(\mu \cdot Y)$ representa a parte viscosa.

É importante notarmos que a escolha do valor de n influencia diretamente na forma como o fluido responde à tensão de cisalhamento. Quando n = 1,0 o modelo de Sisko se reduz ao modelo de viscosidade de Newton, enquanto n > 1,0 indica que o fluido apresenta um comportamento mais viscoso e n < 1,0 demonstra um comportamento mais elástico.

Por sua vez, o modelo reológico de Cross também conhecido como "modelo da lei da potência generalizado", é aplicado em fluidos que apresentam comportamento pseudoplástico que exibam um comportamento viscoelástico.

O modelo inclui o termo adicional de viscosidade infinita, que é a viscosidade em que o fluido atingiria quando a tensão de cisalhamento tende a zero. Isto é especialmente relevante em fluidos tixotrópicos (fluido dependente do tempo) e é frequentemente utilizado para descrever fluidos como tintas, polímeros fundidos, suspensões e outros materiais que apresentam comportamento pseudoplástico.

O modelo de Ellis é indicado quando ocorrem desvios do modelo da lei da potência são significativos apenas em situações de aplicação de baixas tensões de cisalhamento (Oliveira, 2018). Este modelo tende ao comportamento newtoniano para reduzidas tensões de cisalhamento e à lei da potência em elevadas tensões de cisalhamento e permite evitar o efeito não físico da viscosidade aparente infinita com cisalhamento zero (Myers, 2005).

A aplicação de um termo multiplicativo à equação do modelo da lei da potência permite um melhor ajuste onde ocorram estas situações. O modelo de Ellis foi o que descreveu melhor o comportamento viscoelástico de produto lácteo fermentado conhecido como Suero Costeño em trabalho desenvolvido por Acevedo *et al.*, (2014).

O modelo reológico desenvolvido por Carreau consiste em uma abordagem que descreve o comportamento viscoelástico de fluidos não newtonianos, especialmente aqueles que possuem o comportamento psuedoplástico e que dependem da tensão de cisalhamento para escoar. O modelo é aplicado em fluidos complexos como tintas, polímeros, alimentos processados e produtos farmacêuticos.

É uma combinação de características do modelo da lei da potência e do modelo newtoniano, ajustando-se às particularidades de fluidos que apresentem um comportamento variável em função da tensão de cisalhamento. Ele incorpora elementos do comportamento newtoniano e não newtoniano, o que auxilia na determinação das propriedades reológicas de fluidos que exibem viscosidade baixas em elevadas taxas de cisalhamento e uma viscosidade alta em baixas tensões de cisalhamento (Carreau, 1972).

Esta abordagem oferece uma descrição mais precisa do comportamento e fluidos complexos que exibem transições viscosas em uma ampla faixa de tensão de cisalhamento, permitindo que o modelo de Carreau se ajuste melhor aos dados reológicos experimentais.

2.1.3 Fluidos independentes do tempo

Todos estes modelos reológicos apresentados consistem em fluidos que são independentes do tempo, ou seja, as propriedades físicas como velocidade, pressão, densidade e viscosidade não variam em função do tempo. Os fluidos dependentes do tempo são aqueles cujas propriedades são modificadas com variações temporais. A sua modelagem matemática envolve equações diferenciais parciais mais complexas, que descrevem como as propriedades do fluido se modificam em resposta às variações temporais. As equações de conservação da massa, momento linear e energia, conhecidas como equações de Navier-Strokes podem ser modificadas para incluir os termos dependentes do tempo. Neste contexto, eles podem ser classificados em dois grupos: Tixotrópicos e Reopéticos.

Os fluidos tixotrópicos exibem uma diminuição nos valores de viscosidade após um período de repouso. Desta forma, um fluido tixotrópico se torna mais fluido quando é agitado ou submetido e deixado em repouso. Isso ocorre porque as estruturas internas do fluido, como aglomerados de partículas e moléculas são quebradas pelo cisalhamento, tornando o fluido menos viscoso. A propriedade tixotrópica é vantajosa em algumas aplicações em que é desejável que um líquido se torne mais fluido com o tempo.

A relação entre a viscosidade, taxa de cisalhamento e o tempo é frequentemente ilustrada por uma curva de tixotropia, a qual descreve a variação da viscosidade do fluido à medida que a tensão de cisalhamento é aplicada em diferentes períodos. A medição da tixotropia pode ser quantificada através de testes reológicos. A presença de uma histerese na curva de viscosidade consiste em um indicativo de propriedade tixotrópica.

A histerese em uma curva de viscosidade está relacionada a uma diferença que é observada entre as curvas de aumento e redução da tensão de cisalhamento em um fluido tixotrópico durante um ciclo de aplicação da tensão. Sendo assim, é observada uma diferença nos valores de viscosidade entre as duas medições. A Figura 5 apresenta um exemplo de histerese em um fluido tixotrópico.

Figura 5. Histerese em um fluido tixotrópico.

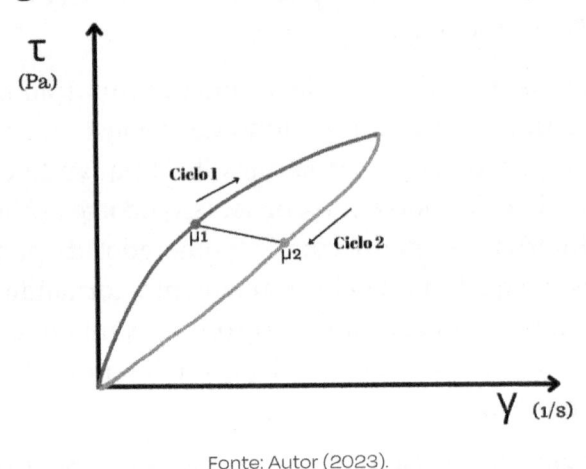

Fonte: Autor (2023).

O ciclo 1 consiste na primeira medição do comportamento reológico do fluido, também conhecido como ciclo ascendente. O ciclo 2 é a segunda medição do comportamento reológico do fluido, em um momento posterior à medição do ciclo 1, e é denominado como ciclo descendente. Observe que existem dois valores de viscosidade para cada um dos ciclos, sendo que $\mu 1 > \mu 2$, o que demonstra que a viscosidade do fluido diminui entre as duas medições, caracterizando um comportamento tixotrópico.

Os fluidos reopéticos, por sua vez, exibem um aumento nos valores de viscosidade com a variação de tempo, se comportando de maneira oposta aos tixotrópicos, ou seja, são mais viscosos com o tempo após a tensão de cisalhamento.

A reopetia ocorre devido a mudanças nas estruturas internas do fluido a partir da tensão de cisalhamento. As estruturas temporárias formadas pelas partículas são reorganizadas de modo a aumentar a viscosidade do fluido, o qual é muitas vezes associado a ligações ou forças intermoleculares que são fortalecidas quando ocorre o cisalhamento, levando a uma maior resistência ao fluxo.

Alguns géis à base de sílica utilizados em produtos farmacêuticos e cosméticos podem exibir comportamento reopético, podendo ser aplicados na liberação controlada de medicamentos ou como agentes de limpeza facial. Além disso, algumas emulsões complexas na área de alimentos, o sangue, polímeros complexos, argamassas e revestimentos e geleias alimentares podem apresentar comportamento reopético.

A reologia de fluidos reopéticos é analisada com frequência a partir de testes reológicos que envolvem a variação da tensão de cisalhamento ao longo do tempo, o que permite a obtenção de curvas de viscosidade que mostram como a viscosidade do fluido é modificada com relação ao tempo.

A Figura 6 apresenta um exemplo de histerese em um fluido reopético.

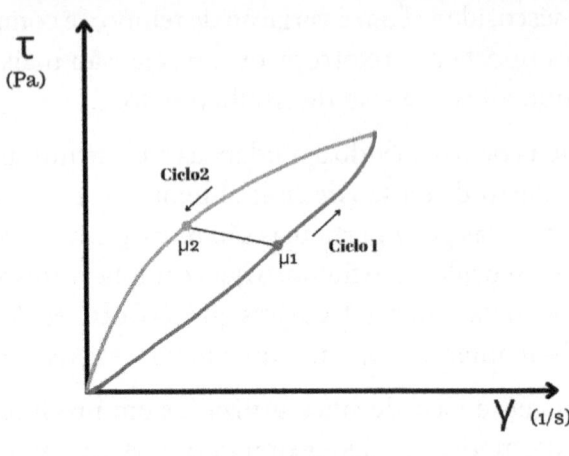

Figura 6. Histerese em um fluido reopético.

Fonte: Autor (2023).

A histerese da viscosidade de fluidos reopéticos é um fenômeno em que a viscosidade do fluido não retorna ao seu valor original após um ciclo de aumento e redução da tensão de cisalhamento. Diferentemente dos fluidos tixotrópicos, a histerese de viscosidade dos reopéticos apresenta µ1 < µ2, demonstrando o aumento da resistência ao fluxo.

2.2 MEDIÇÃO DAS PROPRIEDADES DE FLUXO DOS FLUIDOS

A reologia é uma parte essencial da pesquisa em diversos campos do conhecimento, fornecendo análises do fluxo e deformação de fluidos líquidos e semissólidos. Os métodos clássicos de análise de reologia incluem a medição do fluxo, recuperação de fluência, relaxamento de tensão, cisalhamento oscilatório de pequena amplitude, relaxamento de tensão e suas mudanças ao longo do tempo ou faixa de temperatura (Wang e Selomulya, 2022).

Os instrumentos para a medição das propriedades de fluxo dos fluidos podem ser classificados em três categorias: (1) fundamental, (2) empírico e (3) imitativo.

Métodos fundamentais

Diversos instrumentos são utilizados para medir as propriedades de fluxo a partir de métodos fundamentais. Dentre eles, se destacam os viscosímetros e os reômetros, equipamentos que podem ser encontrados comercialmente e projetados para serem utilizados para diferentes fluidos alimentícios.

A Figura 7 apresenta os principais tipos de reômetros e viscosímetros.

Figura 7. Tipos de viscosímetros e reômetros.

Viscosímetros Tubulares	Reômetros Rotacionais
Capilar de Vidro	Placas Paralelas
Tubular	Cilindros concêntricos
Capilar de alta pressão	Misturador
	Cone e Placa

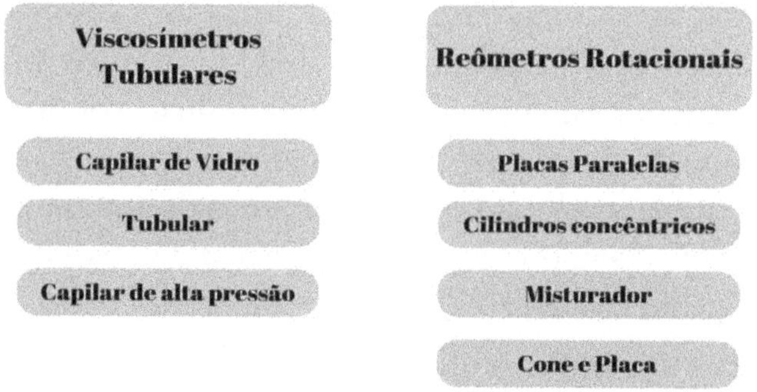

Fonte: Autor (2023).

A caracterização reológica de fluidos pode ser feita usando os dados obtidos de viscosímetros e reômetros. No entanto, ao contrário das medições de reômetros avançados, as medições de viscosímetro muitas vezes podem não capturar as mudanças nas propriedades reológicas do fluido ao longo do tempo (Abou-Kassem *et al.*, 2023).

2.2.1 Viscosímetros

Os viscosímetros são instrumentos utilizados para a determinação da viscosidade de fluidos e podem ser aplicados em diversos setores, desde a indústria de alimentos, química, petroquímica, farmacêutica, cosmética à pesquisa científica. São equipamentos que apresentam diferentes geometrias (capilar, cilíndrico concêntrico, placa e cone e placa paralela) e possuem princípios de operação diferentes. Contudo, três requisitos básicos são comuns a todos os viscosímetros: 1) operam em fluxo laminar, 2) operação isotérmica e 3) não consideram os deslizamentos nas interfaces entre as paredes do viscosímetro e o fluido.

Iniciaremos nossa discussão sobre os viscosímetros de fluxo capilar. Eles medem a viscosidade de um fluido através do fluxo deste fluido por meio de um tubo capilar estreito e baseia-se nas leis do fluxo de fluidos em um tubo, conhecida como a lei de Hagen-Poiseuille.

Ela descreve o fluxo laminar de fluidos viscosos através de um tubo capilar ou cilindro, relaciona o fluxo volumétrico, a viscosidade do fluido, o diâmetro e o comprimento do tubo, sendo fundamental para o entendimento do fluxo de fluidos viscosos em sistemas como o viscosímetro de fluxo capital e é expressa pela equação 10:

$$Q = \frac{\pi \cdot r^4 \, \Delta P}{8 \cdot \mu \cdot L} \qquad (10)$$

Onde:

- Q é a vazão volumétrica (m^3/h);
- R é o raio do capilar (m);
- ΔP consiste em diferença de pressão entre dois pontos do tubo;

- M é a viscosidade do fluido (Pa.s);
- L é o comprimento do tubo capilar (m).

A partir da equação 10 podemos verificar que a vazão é diretamente proporcional à quarta potência do raio do tubo e à diferença de pressão, contudo, é inversamente proporcional à viscosidade e ao comprimento do tubo. Desta forma, podemos perceber que pequenas variações no raio ou na viscosidade e comprimento do tubo podem acarretar grandes modificações na vazão do fluido.

É importante destacar que a lei de Hagen-Poiseuille é aplicável para fluxos laminares, ou seja, onde as camadas do fluido se movem em caminhos paralelos e ordenados, sem que haja qualquer turbulência. O fluxo turbulento, por sua vez, ocorre em velocidades maiores ou em fluidos de baixa viscosidade e são desordenados e geram elevada perda de energia.

Os viscosímetros capilares geralmente são feitos de vidro e operam sob a ação da gravidade, tendo como força motriz (aquela que induz o movimento) a pressão e a gravidade hidrostática (Mezger, 2020). Sua principal aplicação consiste na análise de fluidos newtonianos de baixa viscosidade. Os capilares de vidro mais utilizados são os modelos de Ubbelohde ou Cannon-Fenske.

A Figura 8 apresenta um esquema que representa um viscosímetro capilar.

Figura 8. Atuação das forças dentro de um viscosímetro de tubo.

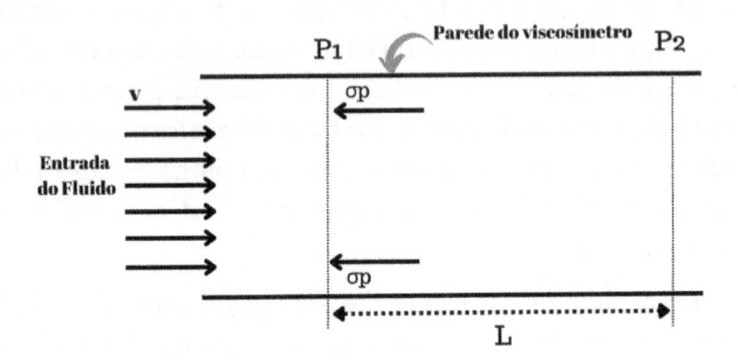

Fonte: Autor (2023).

O princípio básico é baseado no fato de que uma diferença de pressão pode ser medida a partir do deslocamento do fluido através de um tubo em um fluxo laminar. Para isso, o fluido é forçado através de um tubo de seção transversal constante e dimensões precisamente conhecidas.

À medida que o fluido escoa para dentro do viscosímetro de tubo duas forças contrárias ao movimento tentam impedir o movimento do fluido: viscosidade e a tensão ocasionada pelo atrito com as paredes do viscosímetro (σ_p) e esta tensão perdura durante todo o comprimento do viscosímetro (L).

As hipóteses adotadas para descrever as relações matemáticas de um fluido dentro de um viscosímetro de tubo são:

1. Escoamento laminar,
2. Estado estacionário (não há retenção de fluido no interior do tubo),

3. Velocidade constante,
4. Fluido incompressível,
5. Temperatura constante,
6. Na parede do tubo, a velocidade do fluido é zero,
7. Escoamento plenamente desenvolvido e em uma única direção,
8. Ausência de misturas (composição do fluido constante).

Desta forma, ao considerarmos o estado estacionário, isso indica que as forças atuantes no fluido estão em equilíbrio, desta forma, o balanço das forças é igual a:

[Forças de pressão] = [Forças associadas ao cisalhamento]

Sendo assim, tomando por base que o tubo é um cilindro e que as forças associadas ao escoamento ocorrem na parede do tubo (área lateral do cilindro), temos que:

$$(P_1 . \pi . r^2 - P_2 . \pi . r^2) = 2 . \pi . r . L . \sigma_p \quad (11)$$

Onde:

P_1 e P_2 consistem nas pressões de entrada e saída do tubo (Pa), r é o raio do tubo (m), L é o comprimento do viscosímetro (m) e σ_p a tensão de cisalhamento que ocorre na parede (Pa).

Como P_1 e P_2 são forças que atuam contra o movimento, e, de certa forma, representam a perda de energia que ocorre dentro de um tubo, podemos fazer a seguinte relação: $\Delta P = P_1 - P_2$, sendo assim, a tensão de cisalhamento na parede do tubo pode ser calculada a partir da equação 12:

$$\sigma_p = \frac{\Delta P . r}{2L} \quad (12)$$

Esta equação também permite determinar a tensão de cisalhamento em qualquer viscosímetro de tubo de raio r. É importante salientar que a equação para a determinação da tensão é a mesma para fluidos newtonianos ou não newtonianos.

A deformação do fluido, por sua vez, é dependente da vazão ou da velocidade de entrada do fluido dentro do tubo do viscosímetro, e ela pode ser definida a partir destas duas variáveis:

$$\gamma = \frac{4Q}{\pi . r^3} \tag{13}$$

$$\gamma = \frac{4v}{r} \tag{14}$$

Onde:

Q é a vazão volumétrica (m³/s) ou mássica (Kg/s) e v a velocidade do fluido (m/s).

Estas equações determinam a taxa de deformação para fluidos newtonianos. Se o fluido seguir o modelo reológico de lei da potência, as equações abaixo são válidas para a determinação da taxa de deformação:

$$\gamma = \frac{4Q}{\pi . r^3} . \left(\frac{1+3n}{4n}\right) \tag{15}$$

$$\gamma = \frac{4v}{r} . \left(\frac{3}{4} + \frac{1}{4n}\right) \tag{16}$$

Portanto, a partir de dados experimentais obtidos a partir de viscosímetros (ΔP, v ou Q) é possível determinar a tensão de cisalhamento e a taxa de deformação em cada ponto de medição e, a partir disto, elaborar um gráfico de tensão de cisalhamento *versus* deformação e obter os parâmetros reológicos do fluido (modelo reológico, viscosidade e índice de comportamento).

Além disso, a partir dos dados obtidos por viscosímetros, o índice de comportamento pode ser calculado de forma direta, sem a necessidade da elaboração do gráfico. A determinação pode ser feita a partir da equação 17:

$$n = \frac{\Delta \log(\Delta P)}{\Delta \log(v)} \tag{17}$$

Exercício Resolvido

Um laboratório de análise química está realizando um teste de viscosidade utilizando um viscosímetro capilar para determinar as propriedades reológicas de uma determinada solução polimérica. O viscosímetro possui um comprimento de 0,13 m e um raio de 0,0045 m. O alimento em questão não apresenta tensão inicial para escoar.

Durante o teste, a equipe do laboratório coletou os seguintes dados:

Tabela 2. Resultados experimentais a partir de um viscosímetro.

Tempo (segundos)	ΔP (Pa)	v (m/s)
0	0	0
15	800	0,015
30	1600	0,030
45	2400	0,045
60	3200	0,060
75	4000	0,075

Com base nos dados fornecidos, responda às seguintes perguntas:

a. Determine a tensão de cisalhamento e a taxa de deformação em cada ponto de medida.
b. Determine a viscosidade do fluido e o seu índice de comportamento.
c. Qual o modelo reológico do fluido?

Resolução:

Para determinarmos a tensão de cisalhamento e a taxa de deformação a partir de dados experimentais obtidos em um viscosímetro precisaremos utilizar as equações 12, 14 e 16.

Desta forma, devemos determinar inicialmente as tensões e, posteriormente, as deformações:

$$\sigma_1 = \frac{(0 \cdot 0,0045)}{2 \cdot 0,13} = 0,0\,Pa$$

$$\sigma_2 = \frac{(800 \cdot 0,0045)}{2 \cdot 0,13} = 13,84\,Pa$$

$$\sigma_3 = \frac{(1600 \cdot 0,0045)}{2 \cdot 0,13} = 27,69\,Pa$$

$$\sigma_4 = \frac{(2400 \cdot 0,0045)}{2 \cdot 0,13} = 41,53\,Pa$$

$$\sigma_5 = \frac{(3200 \cdot 0,0045)}{2 \cdot 0,13} = 55,38\,Pa$$

$$\sigma_6 = \frac{(4000 \cdot 0,0045)}{2 \cdot 0,13} = 69,23\,Pa$$

Para determinarmos a deformação vamos precisar calcular, inicialmente, o índice de comportamento do fluido (n), pois a deformação é influenciada pelo modelo reológico do fluido e as equações são diferentes. Sendo assim, temos que realizar a escolha de dois pares ordenados de variação pressão e velocidade e aplicá-los na equação 17:

$$n = \frac{(\log 4000 - \log 800)}{(\log 0,075 - \log 0,015)} =$$
$$\frac{(3,60 - 2,90)}{(-1,12 - [-1,82])} = \frac{0,7}{0,7} = 1,0$$

Como o índice de comportamento é igual a 1,0; podemos concluir que o fluido apresenta características newtonianas. Desta forma, podemos utilizar a equação 12 para determinarmos a deformação em cada ponto.

$$\gamma_1 = \frac{4 \cdot (0,0)}{0,045} = 0,0 \ 1/s$$

$$\gamma_2 = \frac{4 \cdot (0,015)}{0,045} = 1,33 \ 1/s$$

$$\gamma_3 = \frac{4 \cdot (0,030)}{0,045} = 2,66 \ 1/s$$

$$\gamma_4 = \frac{4 \cdot (0,045)}{0,045} = 4,00 \ 1/s$$

$$\gamma_5 = \frac{4 \cdot (0,060)}{0,045} = 5,33 \ 1/s$$

$$\gamma_6 = \frac{4 \cdot (0,075)}{0,045} = 6,67 \ 1/s$$

Sendo assim, a tabulação dos dados fica desta forma:

Tabela 3. Dados experimentais obtidos pelo viscosímetro e dados calculados.

Tempo (segundos)	ΔP (Pa)	v (m/s)	σ (Pa)	Y (1/s)
0	0	0	0	0
15	800	0,015	13,84	1,33
30	1600	0,030	27,69	2,66
45	2400	0,045	41,53	4,00
60	3200	0,060	55,38	5,33
75	4000	0,075	69,23	6,67

A partir da obtenção da tensão de cisalhamento e da taxa de deformação será possível construir a curva de fluxo do fluido e obter os parâmetros reológicos desejados.

Assim, é possível construir a curva de tensão de cisalhamento e taxa de deformação (Figura 8) em qualquer software de planilhas e a partir disto, ajustar uma linha de tendência linear (em caso de fluido newtoniano) ou potência (em caso de fluidos não newtonianos).

Gráfico 1. Curva de tensão de cisalhamento *versus* taxa de deformação.

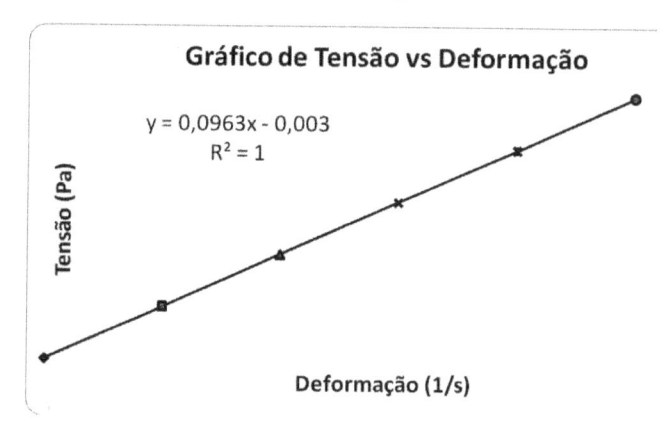

Gráfico de Tensão vs Deformação

y = 0,0963x - 0,003
$R^2 = 1$

Tensão (Pa)

Deformação (1/s)

Fonte: Autor (2023).

Neste caso, observa-se claramente que o gráfico gerado consiste em uma reta passando pela origem a partir da regressão linear realizada, portanto, o comportamento do fluido é newtoniano, confirmando o resultado obtido para o índice de comportamento através da equação 17. A viscosidade consiste no coeficiente angular da reta, portanto, a viscosidade do fluido (μ), com base nos dados experimentais, é de 0,0963 Pa.s.

Exercício resolvido

Uma indústria de alimentos está realizando um teste de viscosidade para a avaliação das propriedades reológicas de um molho de salada, que possui características pseudoplásticas. O teste está sendo conduzido em um viscosímetro capilar que possui comprimento de 0,20 m e um raio de 0,062 m.

Durante o teste, os seguintes dados foram obtidos:

Tabela 4. Dados obtidos a partir de viscosímetro.

Tempo (segundos)	ΔP (Pa)	v (m/s)
2	300	0,012
4	600	0,020
6	900	0,028
8	1200	0,034
10	1500	0,040
12	1700	0,046

a. Determine a tensão de cisalhamento e a taxa de deformação em cada ponto de medida.
b. Determine a viscosidade do fluido e o seu índice de comportamento.
c. Qual o modelo reológico do fluido?

Resolução

Para determinarmos a tensão de cisalhamento e a taxa de deformação a partir de dados experimentais obtidos em um viscosímetro precisaremos utilizar as equações 12 a 17.

Inicialmente podemos calcular a tensão de cisalhamento através do uso da equação 12:

$$\sigma_1 = \frac{(300 \cdot 0{,}062)}{2 \cdot 0{,}20} = 46{,}5\, Pa$$

$$\sigma_2 = \frac{(600 \cdot 0{,}062)}{2 \cdot 0{,}20} = 93{,}0\, Pa$$

$$\sigma_3 = \frac{(900 \cdot 0{,}062)}{2 \cdot 0{,}20} = 139{,}5\,Pa$$

$$\sigma_4 = \frac{(1200 \cdot 0{,}062)}{2 \cdot 0{,}20} = 186{,}0\,Pa$$

$$\sigma_5 = \frac{(1500 \cdot 0{,}062)}{2 \cdot 0{,}20} = 232{,}5\,Pa$$

$$\sigma_6 = \frac{(1700 \cdot 0{,}062)}{2 \cdot 0{,}20} = 263{,}5\,Pa$$

A partir da determinação das tensões em cada ponto de avaliação, o próximo passo seria determinar o modelo reológico do fluido através do cálculo do índice de comportamento de acordo com a equação 17, contudo, no fluido em questão é pseudoplástico, portanto, não newtoniano, sendo assim, podemos utilizar a equação 16 para determinarmos a deformação em cada ponto sem a necessidade de calcularmos o n, pois o gráfico nos fornecerá o seu valor.

$$\gamma_1 = \frac{4 \cdot 0{,}012}{0{,}062} \cdot \left(\frac{3}{4} + \frac{1}{4 \cdot 1{,}28}\right) = 1{,}71\ 1/s$$

$$\gamma_2 = \frac{4 \cdot 0{,}020}{0{,}062} \cdot \left(\frac{3}{4} + \frac{1}{4 \cdot 1{,}28}\right) = 2{,}23\ 1/s$$

$$\gamma_3 = \frac{4 \cdot 0{,}028}{0{,}062} \cdot \left(\frac{3}{4} + \frac{1}{4 \cdot 1{,}28}\right) = 2{,}75\ 1/s$$

$$\gamma_4 = \frac{4 \cdot 0{,}034}{0{,}062} \cdot \left(\frac{3}{4} + \frac{1}{4 \cdot 1{,}28}\right) = 3{,}13\ 1/s$$

$$\gamma_5 = \frac{4 \cdot 0{,}040}{0{,}062} \cdot \left(\frac{3}{4} + \frac{1}{4 \cdot 1{,}28}\right) = 3{,}52\ 1/s$$

$$\gamma_6 = \frac{4 \cdot 0{,}046}{0{,}062} \cdot \left(\frac{3}{4} + \frac{1}{4 \cdot 1{,}28}\right) = 3{,}91\ 1/s$$

A tabulação dos dados fica desta forma:

Tabela 5. Dados obtidos a partir de viscosímetro e dados calculados.

Tempo (segundos)	ΔP (Pa)	v (m/s)	σ (Pa)	Y (1/s)
2	300	0,012	46,5	1,71
4	600	0,020	93,0	2,23
6	900	0,028	139,5	2,75
8	1200	0,034	186,0	3,13
10	1500	0,040	232,5	3,52
12	1700	0,046	263,5	3,91

A partir da obtenção da tensão de cisalhamento e da taxa de deformação será possível construir a curva de fluxo do fluido e obter os parâmetros reológicos desejados.

Assim, é possível construir a curva de tensão de cisalhamento e taxa de deformação (Gráfico 2) em qualquer software de planilhas e a partir disto, ajustar uma linha de tendência linear (em caso de fluido newtoniano) ou potência (em caso de fluidos não newtonianos).

Gráfico 2. Curva de tensão de cisalhamento *versus* taxa de deformação.

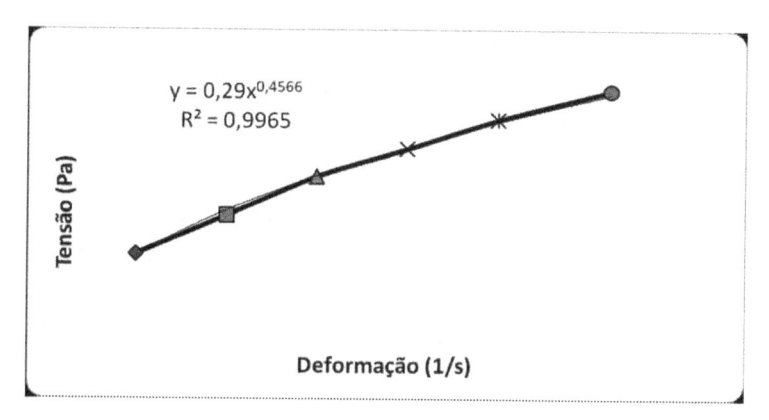

$y = 0{,}29x^{0{,}4566}$
$R^2 = 0{,}9965$

Tensão (Pa)

Deformação (1/s)

Fonte: Autor (2023).

Neste caso, observa-se claramente que o gráfico gerado apresenta uma curvatura na parte final dos dados, portanto, caracteriza-se um comportamento não newtoniano, confirmando o resultado o que foi dito no enunciado da questão. A partir da análise da equação gerada, podemos concluir que o valor do índice de consistência (K) é 0,290 Pa.s^n e o índice de comportamento é 0,4566, desta forma, confirmando que é um fluido pseudoplástico, pois o valor é inferior a 1,0.

2.3 EXERCÍCIOS DE FIXAÇÃO

1. O que é a Reologia dos fluidos?
2. Quais são os tipos mais comuns de fluidos independentes do tempo e demonstre como eles se relacionam em um gráfico de tensão e deformação.

3. Quais são os fluidos dependentes do tempo? Explique o seu comportamento.

4. Qual a importância do índice de consistência e do índice de comportamento dos fluidos não newtonianos?

5. Explique o que é a viscosidade.

6. Uma indústria química está conduzindo um teste para avaliar as propriedades reológicas de um polímero, de características pseudoplásticas através de um viscosímetro de raio 0,03 m e comprimento de 0,12 m. Os dados obtidos são apresentados abaixo

Tempo (segundos)	ΔP (Pa)	v (m/s)
2	350	0,015
4	550	0,021
6	750	0,027
8	950	0,032
10	1100	0,038
12	1250	0,043

a. Determine a tensão de cisalhamento e a taxa de deformação em cada ponto de medida.

b. Determine a viscosidade do fluido e o seu índice de comportamento.

c. Qual o modelo reológico do fluido?

2.4 BIBLIOGRAFIA RECOMENDADA

ABOU-KASSEM, A. J.; BIZHANI, M.; KURU, E. (2023). A review of methods used for rheological characterization of yield-power-law (YPL) fluids and their impact on the assessment of frictional pressure loss in pipe flow. *Geoenergy Science and Engineering*. 229, 212-221 p.

ACEVEDO, D.; GRANADOS, C.; TORRES, R. Rheological characterization of a Fermented Milk Product known as Suero Costeño from Turbaco, Arjona, El Carmen de Bolívar and a Commercial Product (Colombia). *Información Tecnológica*, 2014. 25(3), 38-45 p.

ALMANEEA, A. *Numerical study on thermal performance of Sisko fluid with hybrid nano-structures*. Case Studies in Thermal Engineering, 2022. 30, 101-110 p.

CARREAU, P. J. Rheological equations from molecular network theories. *Transac Soc Rheology*, 1972. 16(1), 99-127 p.

FISCHER, P.; WINDHAB, E. J. Rheology of Food Materials. *Current Opinion in Colloid & Interface Science*, 2011. 16, 36-40 p.

FORDHAM, E. J.; BITTLESTON, S. H.; TEHRANI, M. A. Viscoplastic flow in centered annuli pipes and slotes. Ind. *Eng. Chem. Res*, 1991. 29, 517-524 p.

MEIRELES, M. A. A.; PEREIRA, C. G. F*undamentos de Engenharia de Alimentos*. 1. ed. São Paulo: Editora Atheneu, 2013. 815 p. v. 6.

MYERS, T. G. (2005). Application of non-Newtonian models to thin film flow. *Physical Reviews* E, 72, 302-310 p.

NAZEER, M.; KHAN, M. I.; SALEEM, A.; CHU, Y. M.; KADRY, S.; RASHEED, M. T. Perturbation based analytical solutions of non-Newtonian differential equation with heat and mass transportation between horizontal permeable channel. *Numerical Methods for partial differential equations*, 2021. 88, 21-30 p.

OLIVEIRA, G. G. *Reologia de fluidos não newtonianos à base de carboximetilcelulose (CMC)*. Trabalho de Conclusão (Graduação em Engenharia Química). Universidade Federal de Uberlândia, Uberlândia, Minas Gerais, 2018. 52 p.

SINGH, R. P.; HELDMAN, D. R. Introduction to Food Engineering. 1. ed. London: Elsevier, 2014. 892 p.

TADINI, C. C.; TELIS, V. R. N.; MEIRELLES, A. J. A.; FILHO, P. A. P. *Operações Unitárias na Indústria de Alimentos*. 1. ed. Rio de Janeiro: Editora LTC, 2016. 562 p. v. 1.

TOLEDO, M. R. *Fundamentals of Food Process Engineering*. 3. ed. Springer: New York, 2007. 585 p.

WANG, Y.; SELOMULYA, C. *Food rheology applications of large amplitude oscillation shear (LAOS)*. Trends in Food Science & Technology, 2022. 127, 221-244 p.

ZAMAN, A.; ALI, N.; BÉG, O. A. (2016). *Numerical study of unsteady blood flow through a vessel using the Sisko model*. Engineering Science and Technology, 2016. 19(1), 538-547 p.

CAPÍTULO 3
ESCOAMENTO E BOMBEAMENTO DE FLUIDOS

Você chegou ao capítulo 3! Aqui, nós exploraremos os princípios fundamentais do transporte de fluidos, abordando conceitos essenciais relacionados ao escoamento e à necessidade de bombeamento de fluidos em diversas aplicações industriais. O entendimento destes conceitos é fundamental para engenheiros, cientistas e profissionais que trabalham nos setores petroquímicos, químicos, saneamento, alimentos e muitos outros.

INTRODUÇÃO

O estudo do escoamento e bombeamento de fluidos é de fundamental importância para diversos segmentos da engenharia e da indústria, pois abrange desde sistemas simples de transporte de água até processos de fabricação e produção de alimentos, produtos químicos, farmacêuticos, petróleo etc. O entendimento sobre o comportamento dos fluidos ao serem movidos através de tubulações é crucial para otimizar a eficiência, a segurança e a sustentabilidade dos processos.

Este capítulo explora os princípios fundamentais do escoamento de fluidos. Além disso, examina os aspectos essenciais do bombeamento de fluidos, abordando as tecnologias, equipamentos e estratégias empregadas para movimentar fluidos de forma eficiente e confiável. Ao longo do capítulo, serão discutidos tópicos relevantes, como a equação de Bernoulli e suas aplicações na análise do escoamento, a seleção de bombas adequadas para diferentes cenários, bem como os fatores que influenciam a perda de carga em sistemas de tubulações.

A operação de bombeamento desempenha um papel crucial tanto na indústria química quanto na indústria de alimentos, desempenhando um papel vital na movimentação eficiente e controlada de fluidos. Essas indústrias dependem da transferência de líquidos e suspensões em várias etapas dos processos de produção, desde a matéria-prima até o produto. A importância do bombeamento está profundamente enraizada nas características intrínsecas desses setores e nas necessidades específicas de cada um.

Na indústria química, a operação de bombeamento é de extrema importância devido às naturezas variadas e muitas vezes corrosivas das substâncias químicas envolvidas. A operação pode ser aplicada na transferência de matéria-prima entre diferentes operações unitárias, dosagem controlada e transferência de produtos acabados.

Na indústria de alimentos, o bombeamento é vital para garantir a qualidade e a segurança dos produtos, bem como a eficiência da produção. Os alimentos geralmente envolvem uma grande variedade de ingredientes em sua composição, alguns dos quais podem ser viscosos, sensíveis ao cisalhamento ou até mesmo sólidos. As bombas precisam ser capazes de operar com estas características variadas. Além disso, a mistura uniforme de ingredientes e o bombeamento adequado das suspensões garantem a consistência e a qualidade do produto final.

Além da operação de bombeamento em si, o dimensionamento de tubulações consiste em um processo fundamental na engenharia que envolve a seleção adequada das dimensões (diâmetro, comprimento) das tubulações que serão usadas para transportar fluidos entre diferentes pontos em um sistema. Esse processo é crucial para garantir que o fluxo de fluido seja eficiente, seguro e econômico, atendendo às necessidades específicas de cada aplicação.

O dimensionamento inadequado das tubulações pode resultar em diversos problemas, como perda excessiva de carga, ineficiência no transporte de fluidos, aumento dos custos operacionais, riscos de corrosão e até mesmo falhas no sistema.

3.1 COMPORTAMENTO DINÂMICO DOS FLUIDOS

As primeiras pesquisas realizadas com fluidos tratavam do seu comportamento estático, ou seja, na ausência do movimento. A partir destas pesquisas foi postulado a **hipótese do contínuo**, o qual consiste em um conceito fundamental na mecânica dos fluidos que é amplamente utilizado na análise estática e dinâmica de fluidos. Essa hipótese simplifica o tratamento matemático e físico dos fluidos, considerando-os como uma substância contínua e homogênea, em oposição à sua verdadeira natureza molecular discreta.

Esta hipótese parte do pressuposto de que, ao analisar o comportamento de um fluido, é possível tratá-lo como se fosse uma substância contínua, mesmo que seja composto por moléculas individuais. Isso significa que em escalas macroscópicas (aquelas que normalmente encontramos na engenharia e nas aplicações práticas), as propriedades do fluido, como densidade, pressão, temperatura e velocidade, são consideradas funções contínuas do espaço e do tempo.

No entanto, é importante reconhecer que essa hipótese tem suas limitações. Ela não é adequada para descrever fenômenos em escalas extremamente pequenas, como processos envolvendo partículas individuais. Nessas situações, as propriedades do fluido podem mostrar comportamentos mais complexos que não podem ser capturados pela abordagem do contínuo.

A partir do estudo da estática dos fluidos foi possível entender que existem diversos fenômenos envolvidos no escoamento de fluidos, e, a partir deste momento, permitiu a introdução do conceito de dinâmica dos fluidos. Ao contrário da estática dos fluidos, que se concentra nos fluidos em repouso, a dinâmica dos fluidos trata dos fluidos em movimento, sejam líquidos ou gases, e explora uma ampla gama de fenômenos complexos que ocorrem em ambientes naturais e industriais.

O comportamento dinâmico dos fluidos é um campo da mecânica dos fluidos que se concentra no estudo do movimento dos fluidos e nas forças que agem sobre eles quando estão em movimento. Esse campo de estudo é essencial para entender como os fluidos se comportam em várias situações, desde o fluxo em tubulações até os padrões de circulação atmosférica e o comportamento de corpos submersos em fluidos.

Os primeiros testes sobre o comportamento dinâmico dos fluidos com o foco na simulação do comportamento de escoamento dos fluidos em tubulações foram conduzidos por Osborne Reynolds (1842-1912), um engenheiro e físico irlandês que promoveu contribuições significativas para diversos campos de estudo, incluindo a mecânica de fluidos.

Reynolds nasceu em Belfast, Irlanda do Norte e frequentou a Escola de Instalações Navais da Universidade de Edimburgo e, mais tarde, estudou na Universidade de Cambridge, onde se formou em engenharia civil. Após concluir seus estudos, ele trabalhou como engenheiro civil, envolvendo-se em projetos de engenharia, incluindo ferrovias e pontes.

No entanto, foi sua pesquisa inovadora em mecânica dos fluidos que o tornou amplamente reconhecido por investigar o fenômeno de transição entre escoamento laminar e turbulento. Usando um sistema de corante em um tubo ele observou a formação de padrões de fluxo distintos, marcando o ponto de transição. Esse experimento, conhecido como o "experimento de corante de Reynolds", foi um marco importante na compreensão do comportamento dos fluidos. Sua investigação sobre o escoamento de fluidos o levou a formular o conceito fundamental conhecido como o número de Reynolds. Esse número, que leva o seu nome, é uma relação entre as forças inerciais e viscosas em um fluido em movimento e é usado para determinar quando o escoamento se torna turbulento.

A Figura 9 apresenta um esquema do dispositivo desenvolvido por Osborne Reynolds para o estudo do escoamento de fluidos.

Figura 9. Dispositivo para simulação do experimento de Reynolds.

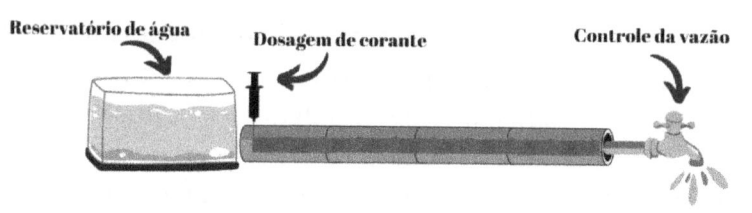

Fonte: Autor (2023).

O experimento consiste em um reservatório com água, a qual escoa através de uma tubulação, sendo o escoamento regulado por uma válvula ou torneira. Através de um tubo fino é adicionado um corante que permeia ao longo da tubulação e identificando o comportamento do escoamento do fluido.

3.2 TIPOS DE ESCOAMENTO DE FLUIDOS

A partir deste experimento foi possível verificar que, dependendo do diâmetro da tubulação, da velocidade do fluido, da densidade e da sua viscosidade o comportamento durante o escoamento pode ser diferente. Neste contexto, Reynolds classificou o escoamento do fluido em três tipos:

1. Laminar,
2. Transição,
3. Turbulento.

O escoamento laminar ocorre quando as camadas de fluido se movem em caminhos paralelos e organizados, sem a ocorrência de movimentos caóticos e desordenados, ou seja, é caracterizado por padrões suaves e previsíveis de fluxo, e ocorre em baixas velocidades ou quando a viscosidade do fluido é alta em comparação as forças que favorecem o escoamento. O fluido se move em camadas paralelas distintas, conhecidas como "lâminas" ou "lâminas de fluxo". Além disso, o perfil de velocidade é uniforme ao longo da seção transversal da tubulação. O escoamento laminar tende a ter uma perda de energia menor em comparação com os outros tipos de escoamento, devido à organização das camadas de fluxo.

Por sua vez, o escoamento de transição ou transiente consiste em um fenômeno fluidodinâmico que ocorre na fronteira entre os escoamentos laminar e turbulento. É um estágio intermediário em que o fluxo de um fluido passa de um comportamento organizado e suave para um comportamento caótico e desordenado. Durante esse estágio, as características do escoamento podem variar rapidamente, tornando a análise e a previsão do comportamento do fluido mais complexas. O escoamento de transição é marcado pela presença de padrões de fluxo que variam entre comportamentos laminar e turbulento em diferentes pontos do escoamento.

Neste caso, o tipo de escoamento é frequentemente sensível a pequenas variações no sistema, o que pode ocasionar mudanças repentinas no comportamento do fluxo, como, por exemplo, pequenas variações na geometria da tubulação como curvas, acessórios, rugosidades e descontinuidades, que podem desencadear a transição, induzindo a turbulência.

Compreender a transição é crucial para otimizar projetos de engenharia, prever a eficiência de sistemas de transporte de fluidos e entender melhor as propriedades de escoamentos complexos. Embora o escoamento de transição seja desafiador de analisar devido à sua natureza variável, os avanços em simulações computacionais como a fluidodinâmica computacional e técnicas experimentais têm permitido um melhor entendimento desse fenômeno.

Já o escoamento turbulento consiste em um regime de fluxo de fluido caracterizado pelos movimentos caóticos, desordenados e não lineares das partículas líquidas e é marcado por uma mistura intensa e rápida de partículas. Esse regime ocorre em altas velocidades ou quando as forças inerciais são predominantes em relação às forças viscosas do fluido. O perfil de velocidade no escoamento turbulento é irregular e varia consideravelmente ao longo da seção transversal da tubulação, além de resultar em maior resistência ao fluxo em comparação ao escoamento laminar, por conta das perdas de energia associadas à turbulência.

Neste momento, você pode estar se perguntando: mas como saberemos se um fluido em determinadas condições desenvolve escoamento laminar, de transição ou turbulento? Para solucionar este problema, foi desenvolvido o **Número de Reynolds**.

Ele consiste em um número adimensional na mecânica dos fluidos que descreve a relação entre as forças inerciais, ou seja, aqueles que favorecem o escoamento, com as forças viscosas, aquelas que são contrárias ao movimento, em um fluido em movimento.

Para fluidos newtonianos (n = 1,0), o número de Reynolds pode ser calculado a partir de três variáveis: a densidade do fluido (ρ), a velocidade que o fluido desempenha na tubulação (v) e o comprimento da tubulação (L). Matematicamente, é expresso como:

$$N_{Re} = \frac{\rho.v.D}{\mu} \qquad (19)$$

Quando o N_{Re} é baixo, as forças viscosas são predominantes e o fluxo é mais propenso a ser laminar. À medida que o N_{Re} aumenta, as forças inerciais se tornam mais significativas em relação às viscosas e o escoamento tem a maior probabilidade de tornar-se turbulento.

Em linhas gerais, observa-se o escoamento laminar quando N_{Re} < 2.100 embora algumas condições específicas de fluidos e tubulações possam permitir o fluxo laminar em valores superiores. A zona de transição é considerada quando o Número de Reynolds está entre 2.100 e 4.000 e, acima deste valor, é considerada a predominância do escoamento turbulento.

É importante salientar que estes valores de número de Reynolds e a sua correlação com o tipo de escoamento é válido apenas para fluxo em tubulações, como veremos mais adiante, outras operações unitárias podem classificar o escoamento de forma distinta.

A equação 19 consiste na fórmula reduzida do número de Reynolds e aplicada para fluidos newtonianos. No entanto, a fórmula geral é apresentada na equação 20 e abrange os fluidos não newtonianos e é conhecida como Número de Reynolds da Lei da Potência.

$$N_{Re\,(LP)} = \frac{\rho \cdot v^{(2-n)} \cdot D^n}{8^{(n-1)} \cdot K} \cdot \left(\frac{4n}{3n+1}\right)^n \qquad (20)$$

Neste caso, para determinarmos o tipo de escoamento que o fluido não newtoniano está desenvolvendo dentro da tubulação temos que considerar o Número de Reynolds Crítico ($N_{Re(LP)}$):

$$N_{Re\,(Cr)} = 2100 + 875\,(1-n) \qquad (21)$$

Desta forma, será considerado um fluido em escoamento laminar quando $N_{Re(LP)} < N_{Re(Cr)}$ e turbulento quando $N_{Re(LP)} > N_{Re(Cr)}$.

Exercício Resolvido

Você está trabalhando em uma fábrica de laticínios que produz leite homogeneizado e está envolvido na análise do processo de homogeneização. Para garantir uma homogeneização eficaz, é fundamental entendermos o comportamento do fluxo de leite nas tubulações. O leite apresenta velocidade média de 2 m/s e escoa em tubulação de aço inoxidável com diâmetro de 0,05 m. A densidade do leite é de 1.030 kg/m³ e a viscosidade é de 0,001545 Pa.s e, nestas condições, o fluido apresenta características newtoniana. Determine:

a. O número de Reynolds.
b. O tipo de escoamento que o leite apresenta nestas condições.

Resolução:

Neste caso, temos que aplicar a equação 19, pois se trata de um fluido newtoniano, sendo assim, temos que:

$$N_{RE} = \frac{\rho \cdot v \cdot D}{\mu} = \frac{1030 \cdot 2 \cdot 0{,}05}{0{,}001845} = 55.826$$

Desta forma, um fluido que apresenta o número de Reynolds em 55.886 é considerado turbulento, pois é superior a 4.000.

Exercício Resolvido

Você é o Engenheiro responsável em uma fábrica de creme hidratante, que produz cremes para o rosto, e necessita entender o comportamento do creme dentro das tubulações para promover a otimização do processo de enchimento das embalagens. O creme hidratante para o rosto apresenta características pseudoplásticas (n = 0,72) e escoa a uma vazão de 1,5 m/s em uma tubulação de 0,08 m. A densidade do creme é de 1.050 kg/m³ e apresenta uma viscosidade de 0,02 Pa.s^n. Neste caso, determine:

a. O número de Reynolds.
b. O perfil de escoamento do creme hidratante.

Resolução:

Para a resolução deste problema, iremos utilizar a equação 20, a qual é propícia para a determinação do número de Reynolds em fluidos não newtonianos:

$$N_{RE\,(LP)} = \frac{\rho \cdot v^{(2-n)} \cdot D^n}{8^{(n-1)} \cdot K} \cdot \left(\frac{4n}{3n+1}\right)^n$$

$$= \frac{1050 \cdot 1{,}5^{(2-0{,}72)} \cdot 0{,}08^{(0{,}72)}}{8^{(0{,}72-1)} \cdot (0{,}02)} \cdot \left(\frac{4 \cdot (0{,}72)}{3 \cdot (0{,}72)+1}\right)^{0{,}72}$$

$$N_{RE\,(LP)} = 24329$$

Quando o fluido é não newtoniano, não podemos utilizar a relação de turbulência para valores superiores a 4.000, desta forma, necessitamos realizar o cálculo do número de Reynolds crítico apresentado na equação 21:

$$N_{RE\,(Cr)} = 2100 + 875\,(1-n) =$$

$$2100 + 875 \cdot (1 - 0{,}72)$$

$$N_{RE\,(Cr)} = 2345$$

Desta forma, como a relação $N_{Re(LP)} > N_{Re(Cr)}$ é verdadeira, o fluido está em escoamento turbulento.

3.3 BALANÇO DE MASSA EM TUBULAÇÕES

Além do número de Reynolds, outras ferramentas podem ser utilizadas para realizar a análise do escoamento de fluidos através de tubulações com formatos distintos: os balanços de massa e de energia, os quais permitem o desenvolvimento de equações que permitem contemplar os fenômenos de transporte que estão ocorrendo à medida em que o escoamento do fluido é desenvolvido.

Iniciaremos a nossa discussão sobre o balanço de massa, que consiste em um conceito fundamental nas áreas de engenharia e ciência e que envolve a conservação da quantidade de massa ao longo de um sistema de escoamento. Desta forma, ele permite descrever a relação entre as taxas de entrada, saída e eventual acúmulo de massa dentro de um sistema de bombeamento. Portanto, seu objetivo é promover a compreensão de como a massa está sendo transferida ou armazenada em um sistema e garantir que não ocorram perdas ou ganhos de massa ao longo do processo.

O balanço de massa em tubulações desempenha um papel crucial em várias áreas da engenharia e da indústria devido à sua importância na análise, otimização e controle de processos. Garantir que a quantidade de massa que entra em um sistema seja igual à quantidade que sai é essencial para evitar perdas, desperdícios ou acumulação excessiva de materiais.

Nos processos industriais, principalmente aqueles em que há a ocorrência de reações químicas, separações e transferência de fluidos, o balanço de massa é usado para monitorar e controlar as quantidades dos materiais envolvidos. De modo a garantir que os produtos atendam aos padrões de qualidade e especificações desejados.

Por vezes, o balanço de massa é utilizado como ferramenta para identificar áreas onde ocorrem perdas de massa indesejadas, permitindo que engenheiros otimizem o processo, reduzindo desperdícios e maximizando a eficiência operacional.

Nesse sentido, em processos que envolvem substâncias perigosas ou reações químicas complexas, o balanço de massa é essencial para garantir a segurança dos trabalhadores e do ambiente, evitando acúmulos de materiais inflamáveis ou tóxicos.

O balanço de massa tradicional deriva da termodinâmica com base na conservação da massa, especificamente para tubulações, o balanço de massa é regido pela equação da continuidade. Ela descreve como a massa de um fluido está sendo transportada através de uma determinada área ou seção transversal ao longo do escoamento. Essa equação é essencial para entender como a densidade e a velocidade do fluido estão relacionadas em diferentes pontos de um sistema.

A equação da continuidade pode ser expressa matematicamente como:

$$\rho_1 v_1 A_1 = \rho_2 v_2 A_2 \tag{22}$$

Essa equação reflete o princípio de conservação da massa. Se o fluxo de um fluido for incompressível (ou seja, sua densidade não muda), a equação da continuidade afirma que a taxa de massa que entra em uma área deve ser igual à taxa de massa que sai da mesma área. Isso é observado em sistemas de fluxo contínuo, como tubulações, canais e dutos, resultando em:

$$v_1 A_1 = v_2 A_2 \tag{23}$$

Exercício resolvido

Um sistema de tubulação transporta óleo de uma refinaria para um terminal de armazenamento. A seção transversal da tubulação na refinaria é de 0,2 m², e a velocidade do óleo é de 1,5 m/s. No terminal de armazenamento, a seção transversal da tubulação é reduzida para 0,1 m². Se a densidade do óleo é de 900 kg/m³, determine a velocidade do óleo no terminal de armazenamento.

Resolução:

Para encontrarmos a velocidade do óleo no terminal de armazenamento podemos utilizar a equação 23, a qual representa a equação da continuidade para fluidos incompressíveis:

$$v_1 A_1 = v_2 A_2$$
$$1,5 \cdot 0,2 = v_2 \cdot 0,1$$
$$v_2 = 3 \ m/s$$

Portanto, a velocidade do óleo no terminal de armazenamento será de 3 m/s.

Exercício resolvido

Uma indústria química precisa transferir um reagente líquido de um reator para um tanque de armazenamento. A seção transversal da tubulação na saída do reator é de 0,15 m², e a velocidade do reagente é de 0,8 m/s. No tanque de armazenamento, a seção transversal da tubulação é aumentada para 0,3 m². A densidade do reagente é de 1.200 kg/m³. Qual a velocidade que o reagente terá na transferência para o tanque de armazenamento?

Resolução:

Para encontrarmos a velocidade do reagente no tanque de armazenamento, utilizaremos a equação 23:

$$v_1 A_1 = v_2 A_2$$
$$0,8 \cdot 0,15 = v_2 \cdot 0,3$$
$$v_2 = 0,4 \ m/s$$

Sendo assim, a velocidade que o reagente terá na transferência para o tranque de armazenamento será de 0,4 m/s.

3.4 BALANÇO DE ENERGIA EM TUBULAÇÕES

De forma similar ao balanço de massa, o balanço de energia consiste em um princípio fundamental que corresponde à análise das transferências de energia em sistemas de escoamento de fluidos. Ele descreve como a energia é transferida entre diferentes formas (como energia cinética, energia potencial, energia térmica, entre outras) à medida que um fluido escoa por um sistema de tubulação. O balanço de energia é essencial para compreender como a energia total de um sistema se altera devido às interações entre o fluido e seu ambiente.

Esta ferramenta permite avaliar a eficiência energética de sistemas de transporte de fluidos. Ao entender como a energia é transferida e transformada ao longo do fluxo, é possível identificar oportunidades de otimização para reduzir perdas de energia, melhorar a eficiência operacional e economizar recursos.

Ao projetar sistemas de tubulações, o balanço de energia ajuda a determinar as demandas energéticas e as necessidades de transferência térmica, sendo importante no dimensionamento de equipamentos como trocadores de calor, bombas e equipamentos de refrigeração, garantindo que atendam aos requisitos operacionais.

No âmbito do escoamento de fluidos, a expressão fundamental que descreve o comportamento de um fluido em movimento com relação às forças atuantes é a equação de Bernoulli. Ela relaciona as energias de pressão, cinética e potencial contidas dentro do sistema, bem como as energias em trânsito, como calor e trabalho em diferentes pontos ao longo do fluxo. A equação de Bernoulli é derivada a partir da aplicação do princípio da conservação da energia em um fluido incompressível e da primeira lei da termodinâmica, a qual é apresentada na equação 24.

$$\frac{P_1}{\rho} + \frac{v_1^2}{2} + gh_1 + W = \frac{P_2}{\rho} + \frac{v_2^2}{2} + gh_2 + E_T \quad (21)$$

Onde:

P_1 é a pressão na linha de sucção (Pa), P_2 é a pressão na linha de descarga (Pa), v_1 é a velocidade do fluido na linha de sucção (m/s), v_2 é a velocidade do fluido na linha de descarga (m/s), h_1 é a altura do tanque na linha de sucção (m), h_2 é a altura do tanque na linha de descarga (m), W é o trabalho a ser realizado pela bomba (J/kg) e Et são as perdas de cargas totais (J/kg).

Como podemos verificar, as forças de atrito que atuam sobre o fluido passam a ser chamadas de perdas de carga. A perda de carga em escoamento de fluidos refere-se à redução da pressão que ocorre quando um fluido se move através de um sistema de tubulações, canais, dutos ou qualquer outro meio de condução. A perda está relacionada a diversos fatores como a resistência ao fluxo (viscosidade) e o atrito entre o fluido e as paredes da tubulação, acessórios ou equipamentos, além disso, modificações na velocidade do fluido e variações na geometria do sistema podem acarretar perdas de carga variáveis.

Este conceito consiste em uma característica fundamental em sistemas de transporte de fluidos e é utilizado para determinar a eficiência, distribuição da pressão e a energia necessária para manter o fluxo, em outras palavras, colabora para o dimensionamento da potência necessária que uma bomba deve transmitir ao fluido para que o movimento ocorra.

Ela desempenha um papel fundamental no dimensionamento adequado de sistemas de transporte de fluidos, como tubulações industriais, sistemas de aquecimento e resfriamento, sistemas de distribuição de água, sistemas de bombeamento e muito mais. O conhecimento e a consideração da perda de carga são essenciais para garantir que o fluxo do fluido seja eficiente, seguro e sustentável.

Existem dois tipos de perda de carga que ocorrem em tubulações:

Perda de carga distribuída (perda de carga por atrito): consiste na redução gradual da pressão do sistema ao longo do comprimento da tubulação por causa do atrito entre o fluido e as paredes da tubulação. Deste modo, este tipo de perda de carga é proporcional à extensão da linha de bombeamento e à velocidade do fluido.

Matematicamente, a perda de carga distribuída é dada por:

$$E_f = f \cdot \left(\frac{2 \cdot L \cdot v^2}{D}\right) \qquad (25)$$

Onde:

f é o fator de atrito (fator de Fanning) (adimensional); L é o comprimento da tubulação (m); é a velocidade que o fluido desempenha na tubulação (m/s) e D consiste no diâmetro da tubulação (m).

É importante destacarmos que a unidade da perda de carga é m^2/s^2 ou J/kg, uma vez que o fator de conversão de uma unidade para a outra é 1,0. Esta equação é válida independente do modelo reológico do fluido. A única modificação consiste na determinação do fator de atrito, a qual segue alguns preceitos:

1. Fluidos em escoamento turbulento apresentam solução gráfica para o fator de atrito.
2. Fluidos em escoamento laminar apresentam solução matemática para o fator de atrito.

Para as soluções gráficas devemos levar em consideração a seguinte relação:

- **Fluidos newtonianos**: análise pelo gráfico de Moody.
- **Fluidos não newtonianos**: análise pelo gráfico de Dodge-Metzner.

O gráfico de Moody, Diagrama de Moody ou Diagrama do Fator de Atrito consiste em uma representação gráfica largamente utilizada nas operações unitárias que envolvem bombeamento de fluidos e o seu objetivo é auxiliar na determinação do coeficiente de atrito da perda de carga distribuída.

Desenvolvido por Lewis Moody em 1944, o gráfico relaciona o número de Reynolds (eixo horizontal), a rugosidade relativa da tubulação (eixo vertical à direita) e o fator de atrito (eixo vertical à esquerda). A rugosidade relativa da tubulação (ε/D) é a relação entre a rugosidade absoluta (ε) e o diâmetro da tubulação (D). O gráfico é dividido em duas partes: a região de escoamento laminar e a de escoamento turbulento, geralmente, utilizamos o gráfico apenas para a turbulência.

A Figura 10 demonstra uma representação do gráfico de Moody.

Figura 10. Exemplo de gráfico de Moody.

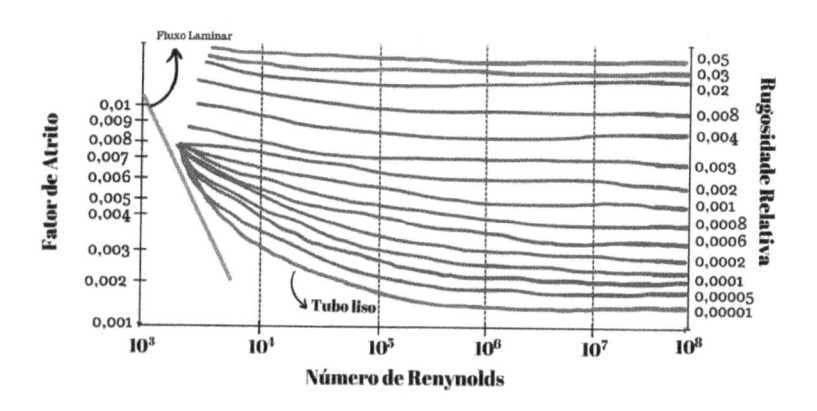

Fonte: Autor (2023).

A resolução para encontrar o fator de atrito a partir do gráfico de Moody é bem simples. O primeiro passo é calcular o número de Reynolds através da equação 16. Em seguida, obter a rugosidade relativa de acordo com o material de formação da tubulação, por exemplo, para o aço inoxidável, podemos considerar a curva de tubo liso, para o aço comercial é 0,006, por exemplo. Desta forma, marcamos o ponto na escala do número de Reynolds e deve-se traçar uma linha em direção à curva referente a rugosidade relativa. Uma vez encontrado o ponto de interseção entre o número de Reynolds e a rugosidade relativa, deve-se traçar uma linha à esquerda para encontrar o fator de atrito.

Entretanto, caso você prefira uma ferramenta automatizada para a determinação do fator de atrito, você poderá utilizar a *Moody Chart Calculator* (https://www.advdelphisys.com/michael_maley/moody_chart/), conforme a figura a seguir.

Figura 11. Calculadora automática de fator de atrito.

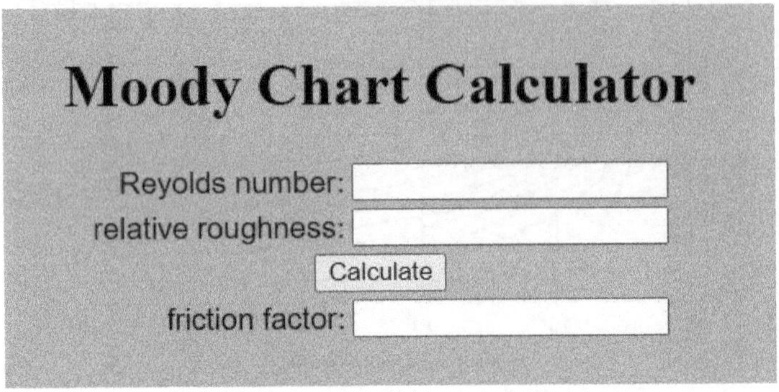

Fonte: Michael Maley's Engineering Site (2023).

Neste caso, basta inserir o número de Reynolds calculado anteriormente e incluir o valor de rugosidade relativa para a tubulação e, automaticamente, o valor do fator de atrito será fornecido.

Por sua vez, o gráfico de Dodge-Metzner está voltado para a estimativa do fator de atrito em escoamentos de fluidos não newtonianos, os quais apresentam comportamento viscoso variável em função da tensão de cisalhamento. Ele é utilizado para correlacionar o número de Reynolds, o índice de comportamento dos fluidos e o fator de atrito.

O gráfico de Dodge-Metzner apresenta curvas do número de Reynolds em diferentes valores do índice de comportamento dos fluidos, desde pseudoplásticos ($n<1,0$) a dilatantes ($n>,0$). Para localizar o fator de atrito é necessário calcular o número de Reynolds pela equação 17 e correlacionar com a curva correspondente ao índice de comportamento do fluido. Após o encontro desta interseção, deve-se traçar uma linha reta à esquerda e encontrar o fator de atrito. Desta forma, é possível obter a perda de carga por atrito para fluidos newtonianos e não newtonianos em escoamento turbulento.

Por outro lado, se o escoamento destes fluidos apresentar-se laminar, a solução é matemática de acordo com as equações 26 e 27:

$$f = \frac{16}{N_{Re}} \qquad (26)$$

$$f = \frac{16}{N_{Re(LP)}} \qquad (27)$$

Perda de carga localizada (perda de carga por acessórios ou equipamentos): neste caso, a perda de pressão ocorre de forma repentina em pontos específicos do sistema, no caso, quando o fluido entra em contato com diversos acessórios que as tubulações podem conter, tais como: curvas, joelhos, luva, união, cotovelos, válvulas, conexões e outros dispositivos e equipamentos. A queda de pressão é ocasionada pela geração de turbulência no fluido ao passar por estes dispositivos, modificando a sua velocidade e ocasionando uma perda adicional de energia. A perda de carga localizada pode ser obtida a partir da seguinte equação 28:

$$E_{AC} = \sum K_f \cdot \frac{v^2}{2} \qquad (28)$$

Onde:

K_f (adimensional) consiste em um valor empírico que varia de acordo com o tipo de acessório e geometria. É fornecido por tabelas ou gráficos específicos.

A tabela 6 apresenta os valores de coeficientes de perda de carga localizada (K_f) em diversos acessórios incorporados m tubulações na indústria alimentícia e química quando a operação ocorre com fluidos newtonianos.

Tabela 6. Valores dos coeficientes de perda de carga localizada para diversos acessórios em fluidos newtonianos.

Acessório	Coeficiente de perda de carga localizada (Kf, adimensional)
Válvula Borboleta (ângulo de fechamento)	
$\theta = 5°$	0,24
$\theta = 10°$	0,52
$\theta = 20°$	1,54
$\theta = 40°$	10,80
$\theta = 60°$	118,00
Válvula Macho (ângulo de fechamento)	
$\theta = 5°$	0,05
$\theta = 10°$	0,29
$\theta = 20°$	1,56
$\theta = 40°$	17,30
$\theta = 60°$	206,0
Válvula de retenção (tipo)	
Portinhola	2,00
Disco	10,00
Esfera	70,00
Válvula gaveta (proporção de abertura)	
Totalmente aberta	0,17
¾ aberta	0,90
½ aberta	4,50
¼ aberta	24,00
Válvula diafragma (proporção de abertura)	
Totalmente aberta	2,30
¾ aberta	2,60
½ aberta	4,30
¼ aberta	21,00

Válvula globo tipo disco tampão (proporção de abertura)	
Totalmente aberta	9,00
¾ aberta	13,00
½ aberta	36,00
¼ aberta	112,00
Entrada e saída em tanques	
Reentrante	0,78
Borda viva	0,50
Borda reta	0,50
Borda arredondada	0,23
Borda aerodinâmica	0,05
Curva de 180° (retorno)	2,20
Tê (Padrão)	
Usada ao longo do tubo principal, com derivação fechada	0,40
Usada como joelho, entrada no tubo principal	1,00
Usada como joelho, entrada na derivação	1,00
Tê de saída bilateral	1,80
Cotovelo de 45°	0,40
Cotovelo de 90° (raio curto)	0,90
Cotovelo de 90° (raio longo)	0,60
Joelho de 45°	0,30
Joelho de 90°	0,70
Curva de 22,5°	0,10
Redutor gradual de vazão	0,15
Ampliação gradual de tubulação	0,30
Pequena derivação	0,03
Controlador de vazão (medidor de Venturi)	2,50

Após a determinação das perdas de carga por atrito e por acessórios, é possível, a partir da equação de Bernoulli, calcular o trabalho que a bomba deverá exercer sobre o sistema de bombeamento para que a operação seja bem-sucedida. Entretanto, o mais comum é apresentar a potência requerida pela bomba, e ela pode ser obtida a partir do trabalho por meio da equação 29:

$$P = W \cdot Q_m \tag{29}$$

Onde:

P é a potência requerida pela bomba (J/s); W é o trabalho exercido pela bomba (J/kg) e Q_m consiste na vazão mássica (kg/s).

Exercício resolvido

Uma indústria de bebidas está bombeando suco de uva (1.040 kg/m³, 0,003 Pa.s e características newtonianas) para um tanque de armazenamento. O escoamento ocorre em estado estacionário e entre dois tanques abertos. O suco escoa a uma vazão de 100 m³/h em uma tubulação de aço inoxidável com o diâmetro de 0,0889 m. O tanque de armazenamento encontra-se a 15 m do nível da bomba, enquanto o tanque de saída está a 5 m. Os tanques têm altura de 6 m. A tubulação apresenta um total de 35 metros, sendo 15 antes da bomba. Antes da bomba, existe uma válvula de regulagem ($Kf = 2,12$) e próximo ao tanque de chegada, existe uma válvula de controle ($Kf = 1,40$).

I) Desenhe a linha de bombeamento.

II) Determine a mínima potência requerida pela bomba.

Resolução:

Inicialmente, temos que realizar o desenho da linha de bombeamento de acordo com as especificações do projeto. Neste caso, temos o tanque de saída do fluido (à esquerda), o qual armazena o suco de uva, o fluido sairá do tanque e percorrerá 5 metros na vertical, passando por um dispositivo de direcionamento de fluxo e percorrerá 10 metros na horizontal até a sua entrada na bomba. Após o fluido ser impulsionado pela bomba, ele percorrerá 10 metros na vertical, passará por um dispositivo de direcionamento de fluxo e fará uma curva à direita, percorrendo mais de 10 metros na horizontal até a chegada ao tanque de armazenamento que está situado a 15 metros de altura com relação à bomba.

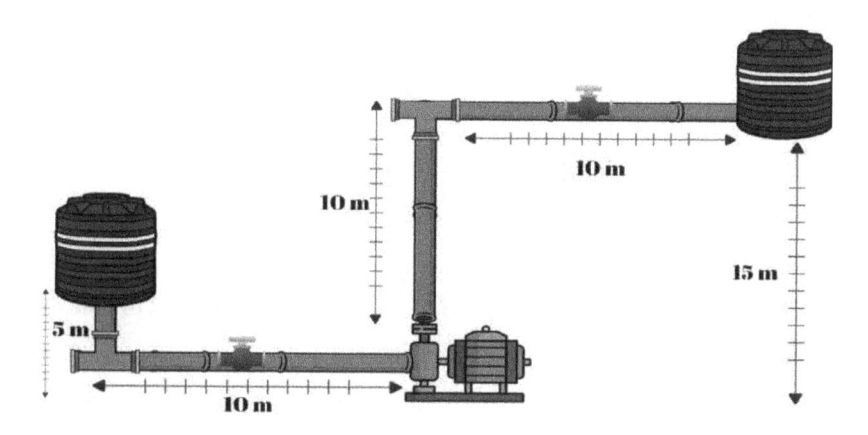

Fonte: Autor (2023).

A partir deste ponto, podemos realizar os seguintes cálculos em sequência:

1. Determinação da velocidade a partir da vazão volumétrica fornecida;
2. Cálculo do Número de Reynolds;
3. Determinação do fator de atrito;
4. Cálculo da perda de carga por atrito;
5. Determinar o trabalho requerido pela bomba;
6. Calcular a potência requerida pela bomba.

Desta forma, temos que transformar a vazão volumétrica (Q=100 m³/h) para m/s, ou seja, dividimos por 3.600: Q = 0,027 m³/s. Desta forma, podemos calcular a velocidade a partir da equação da vazão volumétrica:

$$Q = v \cdot A \rightarrow v = \frac{Q}{A}$$

$$v = \frac{0,0069}{\left(\frac{\pi \cdot D^2}{4}\right)} = \frac{0,027}{\left(\frac{3,14 \cdot [0,0889]^2}{4}\right)} =$$

$$\frac{0,027}{0,00620} = 4,35 \; m/s$$

Portanto, a velocidade que o fluido desempenha na tubulação é de 4,35 m/s.

Por se tratar de um fluido que apresenta características newtonianas, podemos aplicar a equação 19 para a determinação do número de Reynolds:

$$N_{Re} = \frac{\rho \cdot v \cdot D}{\mu} = \frac{1040 \cdot 4,35 \cdot 0,0889}{0,003} = 134.061$$

Portanto, nestas condições de processo, o fluido desempenha um escoamento turbulento.

Agora, temos que determinar o fator de atrito através do gráfico de Moody, pois é um fluido newtoniano e em escoamento turbulento. O procedimento a ser realizado consiste em identificar o número de Reynolds obtido (134.061) no gráfico e traçar uma linha vertical até encostar na linha referente ao tubo liso, pois a tubulação é de aço inoxidável. Em seguida, deve-se traçar uma linha horizontal em direção ao fator de atrito:

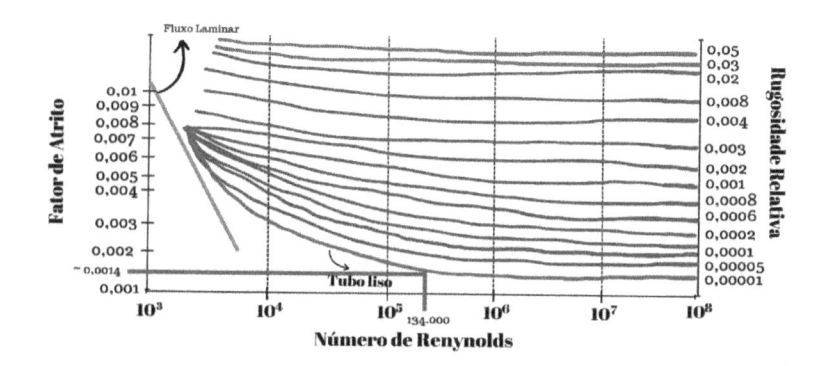

Fonte: Autor (2023).

O valor de fator de atrito obtido pelo gráfico de Moody é de, aproximadamente, 0,0014. A partir deste ponto, podemos calcular a perda de carga por atrito a partir da equação 25:

$$E_f = f \cdot \left(\frac{2 \cdot L \cdot v^2}{D}\right) =$$

$$0,0014 \cdot \left(\frac{2 \cdot 35 \cdot [4,35]^2}{0,0889}\right) = 20,85 \, J/kg$$

Portanto, a perda de carga por atrito para esta linha de bombeamento é de 20,85 J/kg. Necessitamos agora realizar o cálculo da perda de carga por acessórios. Neste exemplo, a linha de bombeamento apresenta apenas dois acessórios, que são as válvulas. Logo:

$$E_{Ac} = \sum K_f \cdot \left(\frac{v^2}{2}\right) =$$

$$[(1 \cdot 2{,}12) + (1 \cdot 1{,}40)] \cdot \left(\frac{4{,}35^2}{2}\right)$$

$$= 3{,}52 \cdot 9{,}46 = 33{,}30 \, J/kg$$

A perda de carga por acessórios é de 33,30 J/kg.

De posse das duas perdas de carga, podemos calcular o trabalho requerido pela bomba a partir da equação de Bernoulli apresentada na equação 24:

$$\frac{P_1}{\rho} + \frac{v_1^2}{2} + gh_1 + W = \frac{P_2}{\rho} + \frac{v_2^2}{2} + gh_2 + E_T$$

Neste caso, podem ser feitas algumas considerações a fim de reduzir o número de variáveis envolvidas na equação de Bernoulli:

1. A operação de bombeamento ocorre em tanques abertos, ou seja, as pressões contidas no interior dos tanques são iguais à pressão atmosférica, e, portanto, podem ser cortadas da equação.

2. O diâmetro da tubulação não é modificado ao longo da linha de bombeamento e como a vazão permanece constante, podemos afirmar que a velocidade também é constante e podem ser anuladas na equação.

Sendo assim, a equação reduzida é dada por:

$$gh_1 + W = gh_2 + E_T$$

Rearranjando a equação, temos que:

$$W = g \cdot (h_2 - h_1) + E_T$$
$$W = 9{,}81 \cdot (21 - 11) + (20{,}85 + 33{,}30)$$
$$W = 152{,}25 \, J/kg$$

É importante observarmos que ao considerarmos a pressão no interior dos tanques igual à pressão atmosférica, a altura a ser considerada é a do topo do tanque, portanto, a altura do tanque 2 (de armazenamento) consiste nos 15 metros de altura adicionados da altura do tanque (6 metros, conforme enunciado da questão), a mesma condição é válida para o tanque 1.

A partir do trabalho, é possível calcular a potência requerida pela bomba a partir da equação 29:

$$P = W \cdot Q_m$$

Por sua vez, a vazão máxima é resultado da multiplicação da vazão volumétrica e da densidade do fluido, logo, temos que:

$$P = W \cdot (Q \cdot \rho)$$
$$P = 152{,}25 \cdot (0{,}027 \cdot 1040) = 4.275{,}18 \, J/s$$

Portanto, a potência requerida pela bomba para realizar esta operação de bombeamento é de 4.275,18 J/s ou watts (W), pois o fator de conversão entre ambas é de 1,0. A potência também pode ser representada em quilowatts, neste caso, divide-se o valor por 1.000: 4,27 kW.

3.5 BOMBEAMENTO DE FLUIDOS

O bombeamento é tido como uma das operações unitárias mais importantes da indústria, pois ela é responsável pela ligação entre as outras operações por meio do transporte dos fluidos dentro das tubulações. Na indústria de alimentos, por exemplo, vários ingredientes líquidos, viscosos e pastosos são processados para originarem produtos. A operação de bombeamento permite a transferência destes ingredientes como leite, sucos, xaropes, óleos e ingredientes de confeitaria. Já na indústria química, as bombas são essenciais para a transferência de reagentes e solventes entre diferentes etapas de produção.

Neste contexto, o dimensionamento de bombas é caracterizado por ser um processo crítico na operação unitária de bombeamento. A escolha de uma bomba adequada para atender as necessidades de um sistema é fundamental para o sucesso da operação.

O objetivo é garantir que a bomba selecionada seja capaz de fornecer a vazão e a pressão requeridas pelo processo, considerando fatores como as características do fluido, as perdas de carga no sistema e as condições operacionais.

É importante observar que o dimensionamento de bombas é um processo complexo e requer conhecimentos técnicos bem fundamentados. Considerar as diversas propriedades do fluido, condições operacionais, de construção e curvas de desempenho de bombas é essencial para garantir o funcionamento eficiente e seguro de todo o sistema de bombeamento industrial.

Os equipamentos que permitem promover o deslocamento de fluidos líquidos por tubulações são denominados de bombas. Na literatura, existem diversas definições de bombas, algumas mais voltadas para a indústria de alimentos, outras para a indústria química e algumas definições físicas.

A primeira definição afirma que uma bomba consiste em um dispositivo mecânico que converte energia mecânica em energia hidráulica, transferindo fluidos de um local para o outro.

Por sua vez, as bombas podem ser máquinas que operam hidraulicamente conferindo energia ao líquido com o objetivo de transportá-lo de um ponto para outro obedecendo às condições do processo.

Além disso, as bombas recebem energia de uma fonte motora qualquer e cedem parte desta energia ao fluido sob a forma de energia de pressão, cinética ou ambas. Elas promovem o aumento da pressão do líquido, da velocidade ou ambas. Desta forma, a energia cedida ao líquido pode ser medida, conforme visto anteriormente, pela diferença entre os trinômios (E_p, E_c, E_{pot}) de Bernoulli na saída e na entrada da bomba.

Outra definição afirma que a bomba é um equipamento que transfere energia de uma determinada fonte para um líquido e, em consequência, este líquido pode deslocar-se de um ponto para outro e, inclusive, vencer diferenças de altura. E, são equipamentos mecânicos que fornecem energia mecânica para um fluido incompressível.

Neste contexto, existem diferentes tipos de bombas hidráulicas no mercado e entender como elas se comportam e se adaptam às necessidades dos processos é um ponto chave no dimensionamento de uma linha de operação.

As bombas podem ser classificadas de acordo com sua aplicação e, principalmente, pela forma com que a energia é cedida ao fluido. A Figura 12 apresenta os principais tipos de bombas aplicadas para a indústria de alimentos e indústria química.

Figura 12. Principais tipos de bombas.

```
                        Bombas
                          |
        ┌─────────────────┴─────────────────┐
   Deslocamento                        Turbobombas
    Positivo                                |
        |                               Centrífugas
   ┌────┴────┐                              |
Rotativas  Alternativas                   Puras
                                         Radiais
Engrenagens   Pistão                      Axiais
Lóbulos       Êmbolo                      Mista
Parafusos     Diafragma
Palhetas
```

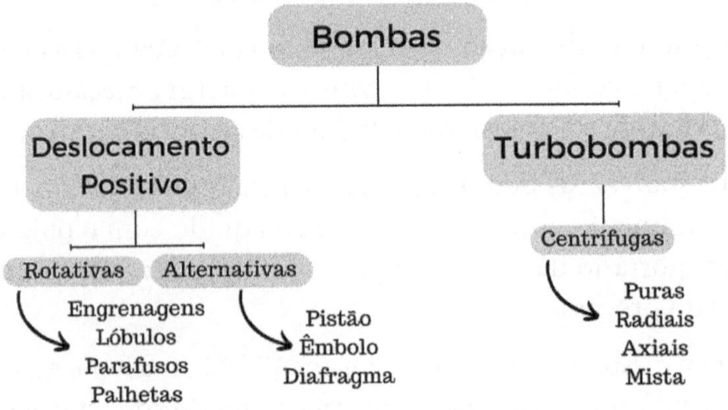

Fonte: Autor (2023).

3.5.1 Turbobombas

As **turbobombas** são dispositivos mecânicos utilizados para transportar fluidos, de um ponto para outro, aplicando energia mecânica para o aumento da pressão e/ou velocidade do fluido através da conversão de energia mecânica em cinética. Elas são amplamente empregadas em diversas indústrias, incluindo a indústria química, petroquímica, de alimentos, água e saneamento, entre outras. A teoria básica das turbobombas envolve conceitos como princípios de funcionamento, tipos de turbobombas e características de desempenho.

Existem vários tipos de turbobombas, cada um com suas próprias características e aplicações específicas. Os principais tipos incluem as bombas centrífugas de fluxo axial, de fluxo radial e mista. Desta forma, as bombas centrífugas consistem em equipamentos mecânicos amplamente utilizados na indústria para promover a transferência de fluidos de um local para o outro, aplicando o princípio da ação centrífuga para o aumento da energia cinética do fluido e sua conversão em energia de pressão.

As bombas centrífugas são dispositivos mecânicos amplamente utilizados na indústria para transferir fluidos de um local para outro, aplicando o princípio da ação centrífuga para aumentar a energia cinética do fluido e convertê-la em energia de pressão.

A Figura 13 apresenta a configuração interna de uma bomba centrífuga.

Figura 13. Principais aspectos de construção de uma bomba centrífuga.

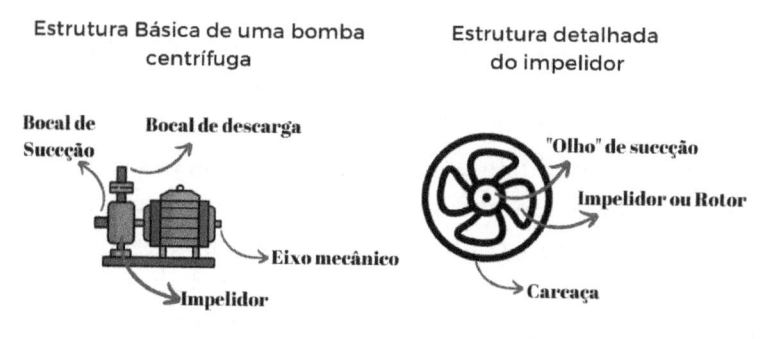

Estrutura Básica de uma bomba centrífuga

Bocal de Sucção
Bocal de descarga
Eixo mecânico
Impelidor

Estrutura detalhada do impelidor

"Olho" de sucção
Impelidor ou Rotor
Carcaça

Fonte: Autor (2023).

O eixo mecânico é responsável por converter a energia elétrica captada pela bomba em energia mecânica rotacional, o eixo promoverá a movimentação do impelidor. A parte externa da bomba é denominada de carcaça e tem a função de proteção das peças contra intempéries de temperatura, umidade e substâncias corrosivas.

O princípio básico por trás das bombas centrífugas é a transformação de energia mecânica em energia hidráulica, resultando em um aumento de pressão no fluido. O processo inicia-se no bocal de sucção, aonde o fluido chega à entrada da bomba através da tubulação a partir da criação de uma zona de baixa pressão pela rotação do rotor. Este fenômeno é denominado de sucção, pois a rotação em velocidade alta do impelidor cria um vácuo nesta região de entrada da bomba e permite que o fluido seja aspirado para o interior do equipamento.

A partir deste momento, o fluido entra em contato com o impelidor através do "olho" de sucção. O impelidor consiste em um rotor de lâminas curvadas que está montado em um eixo e gira em alta velocidade. Quando o fluido entra em contato com as lâminas do rotor, ele é acelerado rapidamente devido à forma e ao movimento do rotor. Esta aceleração resulta em um aumento da velocidade do fluido, o qual percorre todo o interior do rotor.

Após a passagem do fluido pelo impelidor, ele é direcionado para a carcaça da bomba que promove o direcionamento do fluido através de um difusor. Este dispositivo é projetado para expandir gradualmente e direcionar o fluxo do fluido em direção à saída da bomba. O difusor promove uma redução na velocidade do fluido, contudo, aumenta a sua pressão. O fluido pressurizado, então, é direcionado para fora da bomba através do bocal de descarga e transferido para um sistema de tubulação novamente.

É importante observar que, no interior da bomba centrífuga, o fluido é acelerado e implica no aumento da energia cinética. No difusor, a energia cinética é gradualmente convertida em energia de pressão. Ao sair da bomba, o fluido está a uma pressão mais elevada em comparação com a pressão do ambiente externo do sistema de tubulação, desta forma, o fluido se deslocará naturalmente das zonas de alta pressão para as áreas de pressão inferior. Isso significa que o fluido será "empurrado" da bomba para a tubulação por causa do gradiente de pressão.

3.5.2 Bombas de deslocamento positivo

Já as bombas de deslocamento positivo são um tipo de equipamento utilizado para a transferência de fluidos de um local para o outro através do deslocamento mecânico, este tipo de bomba promove a criação de áreas de pressão e vácuo para movimentar os fluidos. De modo diferente as bombas centrífugas, que dependem da geração de aceleração centrífuga, as bombas de deslocamento positivo operam através da alteração física do volume do fluido em compartimentos fechados. Esse tipo de bomba é utilizado em diversas indústrias por causa de sua capacidade de trabalhar com uma variedade de líquidos, principalmente, os que apresentam maiores valores de viscosidade, sensíveis ao cisalhamento ou corrosivos.

O princípio de funcionamento baseia-se na movimentação mecânica de componentes internos da bomba que promovem mudanças de volume no interior do equipamento, resultando em deslocamento do fluido. As bombas de deslocamento positivo operam através de um mecanismo de ação direta, onde a transferência do fluido ocorre por meio da alteração física dos volumes dos compartimentos internos da bomba. Um volume específico de fluido é transferido a cada ciclo de operação através de pistões, engrenagens, lóbulos ou diafragmas, que se movem dentro da bomba para criar os espaços de volume variável.

A Figura 14 apresenta o funcionamento de uma bomba de deslocamento positivo.

Figura 14. Princípio de funcionamento da bomba de deslocamento positivo.

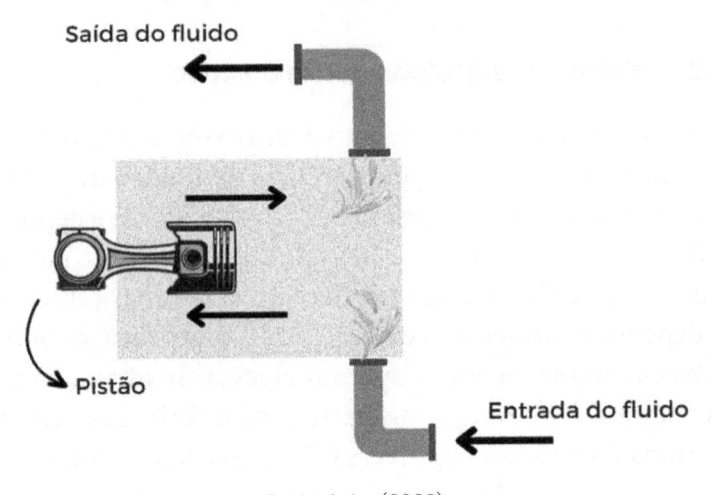

Fonte: Autor (2023).

O ciclo de operação deste tipo de bomba envolve etapas sequenciais e depende do tipo de dispositivo mecânico que será responsável pela movimentação do volume. Em cada ciclo, os componentes internos se movem para a formação do vácuo em uma extremidade da bomba, reduzindo o volume, e a formação de uma zona de aumento de volume na outra extremidade, o que gera uma elevação na pressão.

No início de cada ciclo, o componente interno, como um pistão, se move para trás criando um vácuo dentro da bomba, o que causa a abertura da entrada da bomba e permite que o fluido seja transferido do sistema de tubulação para o compartimento que apresenta o vácuo. A partir deste momento, o pistão se move para a frente, o que ocasiona a redução do volume do compartimento, gerando pressão no fluido. Desta forma, o fluido é forçado a sair do compartimento de vácuo em direção ao compartimento de pressão. Portanto, o compartimento de pressão recebe o fluido pressurizado e uma válvula de saída é aberta, permitindo que o fluido seja conduzido para a saída da bomba e entre no sistema de tubulação novamente.

Este ciclo é repetido de forma contínua durante a operação da bomba de deslocamento positivo, sendo que, cada ciclo de movimento ocasiona a transferência de porções fixas de fluido da entrada da bomba para a saída, funcionando como uma espécie de processo em batelada (descontínuo).

A ação direta de deslocamento permite a transferência de fluidos com precisão e consistência, e, sobretudo, facilita a movimentação de fluidos de elevada viscosidade ou que possuam a presença de sólidos. É importante destacar que esse tipo de bomba é sensível à variação de pressão e exige válvulas de alívio e outros dispositivos para evitar sobrecargas ou danos.

3.6 CRITÉRIO PARA ESCOLHA DA BOMBA CENTRÍFUGA OU DE DESLOCAMENTO POSITIVO

A escolha entre uma bomba centrífuga ou de deslocamento positivo para a aplicação em um sistema de bombeamento depende de diversos fatores técnicos e operacionais. O principal deles é a viscosidade do fluido. As bombas centrífugas são mais adequadas para fluidos de baixa viscosidade, enquanto as bombas de deslocamento positivo desempenham melhor função em fluidos com maiores valores de viscosidade.

Desta forma, a **viscosidade cinemática** é o parâmetro a ser considerado ao escolher entre uma bomba centrífuga ou de deslocamento positivo para uma determinada aplicação industrial. Ela descreve a relação entre a viscosidade absoluta de um fluido e sua densidade, e é expressa em unidades como centistokes (cSt), o que é equivalente é 10^{-6} stokes, ou o equivalente a cm²/s. A viscosidade cinemática é uma medida da capacidade do fluido de fluir sob a influência de uma força externa, como a força gerada por uma bomba.

Matematicamente pela é definida por:

$$\vartheta = \frac{\mu}{\rho} \qquad (30)$$

Dentre os critérios baseados na viscosidade para a utilização de um determinado de bomba não há um consenso. Chen *et al.*, (2010) e Yoda *et al.*, (2021) afirmam que acima de 20 cSt as bombas centrífugas perdem desempenho. Por sua vez, Nourbakhsh *et al.*, (2008) destaca que para uma bomba ser eficiente economicamente, o máximo de viscosidade recomendada para o líquido é de 150 cSt. Na mesma linha, Lich (2003) destaca que acima de 100 cSt as perdas de carga com relação à viscosidade superam os efeitos de fluxo em operações de bombeamento. Antonenko *et al.*, (2022) estudaram o desempenho de bombas centrífugas em valores de viscosidade de 10 cSt, 45 cSt e 100 cSt e concluíram que o desempenho das bombas decresce muito em valores acima de 110 cSt.

Desta forma, iremos considerar que as bombas centrífugas estão aptas para realizar a operação de bombeamento de fluidos que apresentam viscosidade cinemática **de até 100 cSt**, enquanto, acima deste valor, o recomendado é a utilização de bombas de deslocamento positivo. Contudo, é importante que você saiba que não existe um consenso com relação a isso, portanto, estar em contato com os fabricantes de bombas pode ser vantajoso no desenvolvimento de curvas de desempenho específicas para o fluido com que a indústria trabalha rotineiramente.

Exercício Resolvido

Determine a viscosidade cinemática para um fluido newtoniano que apresenta viscosidade de 0,0032 Pa.s e densidade de 1.050 kg/m³.

Resolução:

Para procedermos com a determinação da viscosidade cinemática, podemos utilizar diretamente a equação 30:

$$\vartheta = \frac{\mu}{\rho} = \frac{0,0032}{1050} = 3,04 \cdot 10^{-6} \; stokes$$

$$\vartheta = 3,04 \; cSt$$

3.7 CAVITAÇÃO

Assim como qualquer operação unitária, o bombeamento de fluidos pode estar sujeito a diversos problemas que impactam diretamente a segurança, eficiência e confiabilidade do processo. O principal problema relacionado à operação de bombeamento é a cavitação

A cavitação é um fenômeno de ocorrência que está limitada a líquidos e que promove consequências danosas para o escoamento dos fluidos e para a integridade física de bombas e está diretamente relacionada à pressão de vapor dos fluidos.

A pressão de vapor de um determinado fluido envolve a pressão na qual a fase líquida e a fase de vapor do fluido encontram-se em equilíbrio, de forma que elas coexistam dentro de um sistema fechado e uma dada temperatura. Esta propriedade física é influenciada pela temperatura, propriedades do fluido, interações moleculares e composição química. De modo geral, a pressão de um vapor de um fluido aumenta à medida que a temperatura é elevada, pois as moléculas recebem mais energia térmica e aumentam a taxa de evaporação, logo, aumenta a pressão de vapor do fluido.

Neste contexto, a cavitação ocorre quando a pressão do fluido em um sistema de bombeamento cai abaixo da sua pressão de vapor, resultando na formação e, posterior colapso, de bolhas de vapor no interior do líquido. Quando a pressão do fluido cai em níveis muito baixos, a energia térmica contida no líquido é suficiente para transformar parte do líquido em vapor, formando bolhas. Contudo, à medida que o fluido se movimenta para uma região de pressão mais alta, as bolhas colapsam rapidamente por conta da alta pressão e gera ondas de choque e fortes vibrações, causando impacto nas superfícies sólidas internas de bombas, válvulas e tubulações, que, no longo prazo, pode ocasionar danos estruturais.

O colapso das bolhas de vapor pode gerar forças de impacto que danificam as superfícies internas dos equipamentos, incluindo as pás do rotor em bombas centrífugas e pode diminuir a eficiência da bomba, aumentando o consumo de energia necessária para realizar a operação.

Além disso, o colapso constante de bolhas ocasiona a erosão das superfícies internas dos equipamentos devido aos impactos repetidos, promovendo flutuações no fluxo do fluido e ocasionando a instabilidade no sistema, bem como gera vibrações e sons indesejados, os quais podem prejudicar os operadores. De acordo com Binama *et al.*, (2016), estas micro implosões consistem em ciclos que demoram por volta de 2 milissegundos e podem ocorrer entre 200 e 300 vezes por segundo.

A região que é mais suscetível à cavitação é a área da sucção da bomba, pois consiste em uma região de menor pressão absoluta, sendo um ponto crítico a região próxima à entrada no rotor (De Souza *et al.*, 2021).

O processo de formação da cavitação envolve quatro fases distintas: nucleação (cavitação de geração), início, crescimento (cavitação de desenvolvimento) e colapso (cavitação crítica). Na etapa de nucleação, pequenas regiões do fluido atingem uma pressão igual ou inferior à sua pressão de vapor, isso faz com que as moléculas do líquido recebam energia suficiente para superar as forças de coesão e as moléculas de líquido são transformadas em bolhas de vapor minúsculas, denominadas de núcleos de cavitação. Ela pode ocorrer em defeitos microscópicos nas superfícies dos equipamentos, onde a pressão é localmente reduzida ou devido ao fenômeno da turbulência (Barros *et al.*, 2019).

Na fase de início, à medida que a pressão na região do núcleo de cavitação permanece abaixo da pressão de vapor, as bolhas de vapor têm o seu crescimento continuado de modo estável e dissolvidas no líquido. Contudo, ainda não possuem tamanho suficiente para causar danos significativos ou serem audíveis ao chocar-se com os equipamentos. O crescimento é a etapa onde as bolhas de vapor continuam o seu crescimento a partir do movimento do fluido para a região de pressão mais elevada, pois, as bolhas continuam a absorver o calor do ambiente (Gai *et al.*, 2022).

A etapa de colapso é caracterizada pela entrada do fluido na região de alta pressão e a pressão externa sobre elas aumenta drasticamente. Como resultado, ocorre o colapso violento das bolhas num processo de implosão, liberando a energia acumulada durante o crescimento e criando micro jatos de líquidos que podem atingir a superfície dos materiais com elevada intensidade, ocasionando erosão e desgaste (Sagar e Moctar, 2023).

Algumas características específicas favorecem o aparecimento do fenômeno de cavitação e envolvem aspectos de construção, dimensionamento e planejamento da linha de bombeamento. Por exemplo, a geometria da tubulação pode gerar reduções de pressão se a área da seção for reduzida por algum motivo. A existência de bombas em paralelo e junção de dois escoamentos que apresentam velocidades distintas pode promover variações de pressão localizadas. Do ponto de vista da tubulação, a rugosidade elevada, falta de cuidado na união de componentes e a ausência de manutenção pode provocar o escoamento turbulento e favorecer o aparecimento da cavitação. Aspectos que promovam a falta de fornecimento adequado de fluido à bomba podem provocar redução da pressão do fluido na área de sucção na bomba, além de operação com velocidades elevadas.

A cavitação em uma bomba pode ser identificada por meio de sintomas visuais e auditivos. Os sintomas visuais incluem: formação de bolhas de vapor no interior da bomba ou na tubulação. Erosão ou desgaste anormal nas pás do rotor da bomba ou nas paredes da tubulação. Danos visíveis nas superfícies internas da bomba, como cavidades e sulcos. Redução na eficiência de bombeamento, resultando em um fluxo instável ou flutuações na pressão. Por sua vez, os sintomas auditivos incluem os ruídos de batida ou batidas audíveis vindas da bomba. Ruídos semelhantes à sucção de ar, como se a bomba estivesse "puxando ar" durante a operação. Vibrações anormais na bomba ou na tubulação (Murovec *et al.*, 2020).

Os operadores podem identificar a cavitação observando esses sintomas visuais e auditivos durante a operação da bomba. Quando esses sintomas são observados, é crucial tomar medidas corretivas para evitar danos à bomba e ao sistema. Geralmente, ajustes no projeto da bomba, na taxa de fluxo ou na pressão do sistema são necessários para prevenir a cavitação e manter o funcionamento eficiente da bomba (Liu *et al.*, 2023).

3.8 ALTURA LIVRE DISPONÍVEL NA LINHA DE SUCÇÃO (NPSH)

Outro aspecto fundamental para verificar a cavitação em bombas centrífugas é um conceito denominado de *Net Positive Suction Head* (NPSH), ou em tradução livre para o português a "Altura livre disponível na sucção". O NPSH é um parâmetro importante para o dimensionamento de sistemas de bombeamento, principalmente quando se trata de evitar a ocorrência da cavitação. Ele contempla a quantidade de energia disponível presente na entrada da bomba em relação à energia necessária para evitar a formação da cavitação.

Nesse sentido, é preciso analisar dois tipos de NPSH's:

- **NPSH Disponível** ($NPSH_D$) ou **NPSH do sistema** ($NPSH_S$): consiste na energia líquida positiva disponível no ponto de sucção da bomba, ou seja, é a diferença entre a pressão absoluta na entrada da bomba e a pressão de vapor do líquido na temperatura de operação. Este parâmetro leva em consideração a pressão atmosférica, pressão estática e as perdas de carga ao longo da tubulação até a entrada da bomba.

- **NPSH Requerido** ($NPSH_{Req}$) ou **NPSH da bomba** ($NPSH_B$): compreende a energia líquida positiva necessária na entrada da bomba para evitar a cavitação. Cada bomba possui seu próprio valor de $NPSH_{Req}$ e é fornecido pelo fabricante a partir de ensaios experimentais realizados. Este parâmetro é função das características de projeto e construtivas da bomba, do tamanho da bomba, do diâmetro e largura do rotor, diâmetro da sucção, rotação, vazão etc.

Como regra geral admite-se que não há a ocorrência da cavitação quando o $NPSH_S > NPSH_{Req}$, ou seja, quando o NPSH do sistema for maior que o NPSH requerido pela bomba para a realização da operação. Do modo contrário, caso o NPSH requerido pela bomba seja maior do que o disponível no sistema, a probabilidade de ocorrência de cavitação aumenta significativamente.

Sendo assim, é evidente que o menor valor de $NPSH_{Req}$ pode aumentar o fator de segurança para a prevenção da cavitação e geralmente é calculado como uma função da vazão de escoamento do fluido. Assim, os fabricantes de bombas apresentam curvas características de $NPSH_{Req}$ como uma das curvas características da bomba (Azad et al., 2019).

Ensaios laboratoriais de para a obtenção de diferentes tipos de cavitação de geração, desenvolvimento e crítica são obtidos a partir da modificação da pressão de entrada. Geralmente, uma bomba de vácuo de bancada é aplicada para promover a redução da pressão na entrada da bomba e reduzir gradativamente o $NPSH_D$ até que a altura manométrica da bomba seja reduzida em 3% (NPSH3) (Yun et al., 2020).

Zhukov (1975) apresentou os primeiros resultados referentes a danos por cavitação no interior de bombas centrífugas. Ele descobriu que na vazão ótima (melhor ponto de eficiência), o dano de cavitação é eliminado quando a relação $NPSH_D/NPSH3 > 6,0$ m é atendida.

Diversos estudiosos investigaram a cavitação no rotor utilizando diferentes abordagens por meio de simulação numérica e investigações experimentais. Modificações na borda de entrada da bomba e alterações no *design* do rotor por meio da modificação do ângulo de inclinação e do número de pás demonstraram modificações significativas no NPSH$_D$ (Xu *et al.*, 2021).

Algumas pesquisas concluíram que a redução do risco de cavitação na entrada do rotor da bomba centrífuga está relacionada à geometria, forma e inclinação adequada do ângulo de ataque da pá na entrada do rotor (Tao *et al.*, 2018; Dönmez *et al.*, 2019). Outros estudos avaliaram a influência do vórtice relativo por meio da fixação de obstáculos ao escoamento do fluido nas pás para o controle da cavitação (Zhao e Zhao, 2017; Wu *et al.*, 2019).

Ao projetar sistemas de bombeamento, é importante considerar o NPSH disponível, selecionar a bomba correta para a aplicação e garantir que a pressão do fluido na entrada da bomba esteja sempre acima da pressão de vapor do líquido. Manter um NPSH adequado é importante para manter o desempenho eficiente, seguro e confiável das bombas, evitando os efeitos negativos da cavitação (Neiva *et al.*, 2022).

Matematicamente, o NPSH$_D$ é definido por:

$$NPSH_D = \frac{(P_0 - P_v)}{\rho \cdot g} - (h_2 - h_1) - \frac{E_T \,(sucção)}{g} \qquad (31)$$

Onde P_0 é a pressão atmosférica (Pa) e P_v a pressão de vapor do fluido (Pa).

É importante destacar que a altura referente a linha de descarga é considerada **zero** porque o NPSH mede a quantidade de energia disponível na entrada da bomba em relação à energia necessária para evitar a cavitação, que ocorre na região de sucção da bomba, portanto, o nosso ponto de saída da bomba será considerado, para efeitos de cálculos, a altura da linha de descarga, logo, se a altura está no nível da bomba, este valor é **ZERO**.

Exercício Resolvido

Uma indústria de detergentes está bombeando um líquido de limpeza de vidros a uma vazão de 8 m³/h através de uma bomba centrífuga. O líquido de limpeza tem temperatura de 30 °C, pressão de vapor de 4240 Pa e densidade de 1.078 kg/m³. A linha de sucção apresenta elevação de 12 metros. Além disso, a perda de carga de sucção devido aos acessórios e linha de bombeamento é de 58,20 J/kg. Determine o NPSH disponível e compare-o com o NPSH requerido pela bomba, que é fornecido pelo fabricante como 3,0 m, informando se haverá ou não cavitação nesta operação de bombeamento. Considere a pressão atmosférica (P_{atm}) = 101.325 Pa.

Resolução:

O NPSH disponível pode ser calculado de acordo com a equação 31:

$$NPSH_D = \frac{(P_0 - P_v)}{\rho \cdot g} - (h_2 - h_1) - \frac{E_T \text{ (sucção)}}{g}$$

$$NPSH_D = \frac{(101.325 - 4.240)}{1078 \cdot 9,81} - (0 - 12) - \frac{58,20}{9,81}$$

$$NPSH_D = 9,18 + 12 - 5,93$$

$$NPSH_D = 15,25 \, m$$

Sendo assim, o NPSH disponível para esta linha de bombeamento é de 15,25 m, bem superior aos 3,0 m requeridos pela bomba para realizar a operação, o que nos fornece um indicativo de que não haverá cavitação.

3.9 ALTURA DE PROJETO

A altura de projeto (H_{Proj}) ou Altura Manométrica total (AMT) também é uma variável importante no dimensionamento de uma linha de bombeamento para a indústria. Sua definição contempla a quantidade de energia que a bomba deve fornecer ao fluido para superar as perdas de carga e promover a elevação do líquido a uma determinada altura. Refere-se à elevação vertical do fluido, ou seja, a diferença de altura entre o ponto de sucção e o ponto de descarga. É importante considerar não apenas a elevação real, mas também a perda de carga na linha de sucção.

É importante no projeto e seleção de bombas de forma que haja a garantia que elas atendam aos requisitos de pressão e vazão de um sistema de bombeamento.

A altura de projeto pode ser determinada a partir da equação 32.

$$H_{proj} = (h_2 - h_1) + \frac{E_T}{g} \qquad (32)$$

Entretanto, esta fórmula é válida apenas para a água, como trabalhamos com fluidos alimentícios e da indústria química, faz-se necessária uma correção a partir do cálculo da Altura de Projeto Corrigida ($H_{proj(corr)}$):

$$H_{proj\,(corr)} = H_{proj} \cdot \left(\frac{\rho_{fluido}}{\rho_{água}}\right) \qquad (33)$$

Exercício resolvido

Suco de manga a 25 °C (densidade = 1.040 kg/m³ e viscosidade = 0,0015 Pa.s) é bombeado a uma vazão de 30 m³/h, em estado estacionário, desde o tanque 1, situado a uma altura de 4,0 m acima do nível da bomba, para o tanque 2, que está a 10,5 m do nível da bomba. Considere que os reservatórios estão abertos e que o diâmetro da tubulação é 0,0058 m. As perdas de carga ao longo da tubulação são de 102,7 J/kg. Determine a altura de projeto que deve ser usada para o dimensionamento da bomba.

Resolução:

Para realizarmos a determinação da altura de projeto utilizaremos as equações 32 e 33:

$$H_{proj} = (h_2 - h_1) + \frac{E_T}{g}$$

$$H_{proj} = (10,5 - 4,0) + \frac{102,7}{9,8}$$

$$H_{proj} = 16,97 \, m$$

Como o fluido é o suco de manga, temos que corrigir a altura de projeto obtida:

$$H_{proj\,(corr)} = H_{proj} \cdot \left(\frac{\rho_{fluido}}{\rho_{água}}\right)$$

$$H_{proj\,(corr)} = 16,97 \cdot \left(\frac{1040}{1000}\right)$$

$$H_{proj\,(corr)} = 17,64 \, m$$

3.10 CURVAS DE DESEMPENHO DE BOMBAS CENTRÍFUGAS

A curva de desempenho de uma bomba centrífuga é caracterizada por ser uma representação gráfica que relaciona a vazão, altura de projeto e o NPSH requerido pela bomba. Essas curvas são essenciais para entender o comportamento da bomba em diferentes condições de projeto e é aplicada para a selecionar a bomba mais adequada para uma aplicação específica.

Relembrando, a vazão é a quantidade de fluido que a bomba é capaz de movimentar um determinado intervalo de tempo, expressa em m^3/h, está representada no eixo horizontal da curva de desempenho.

A altura de projeto é a energia total que a bomba adiciona ao fluido, expressa em metros (m), inclui a diferença de altura entre o nível de fluido na entrada e na saída da bomba, além de considerar as perdas de carga ao longo do sistema e está representada no eixo vertical da curva de desempenho.

A curva de desempenho também incluirá uma curva de NPSH requerido pela bomba (curva vermelha) para diferentes vazões, de modo a ajudar a determinar uma região segura de operação para evitar a cavitação. De modo geral, busca-se a determinação do ponto de melhor eficiência (PEF) para a bomba.

A Figura 15 apresenta um exemplo de uma curva de desempenho de bomba centrífuga.

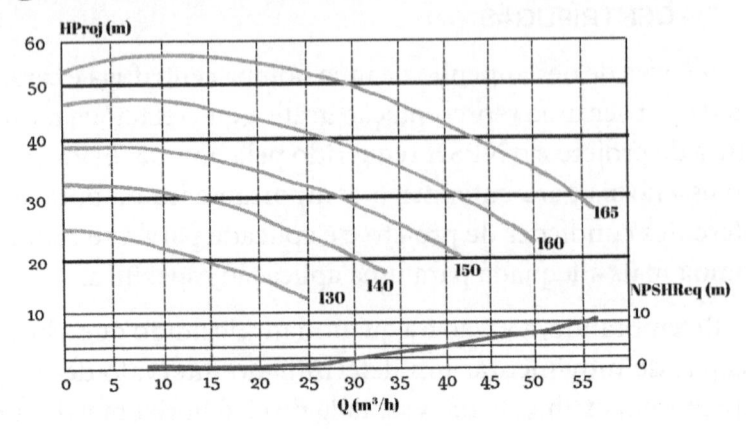

Figura 15. Curva de desempenho de bomba centrífuga.

Fonte: Autor (2023).

Ao interpretar uma curva de desempenho de bomba centrífuga, é importante selecionar um ponto de operação em que o NPSH requerido seja menor que o NPSH do sistema, isso garante que haverá NPSH disponível para evitar a cavitação. Além disso, as curvas verdes representam os diferentes diâmetros do rotor (mm) para este tipo específico de bomba.

Exercício resolvido

Uma indústria de produtos químicos está considerando a aquisição de uma bomba centrífuga para o processo de transporte de um fluido utilizado na produção de detergentes líquidos. As especificações do fluido e as condições operacionais são as seguintes: Densidade = 1.030 kg/m³, viscosidade = 0,0072 Pa.s; vazão desejada = 25 m³/h, altura de projeto = 35 metros, $NPSH_D$=7,5 m. A fábrica recebeu a curva de desempenho apresentada na Figura 15. Com base nestas informações, determine se esta bomba pode ser utilizada por esta indústria e, em caso positivo, indique qual o rotor que deverá ser utilizado.

Resolução:

Com base nos dados fornecidos no enunciado da questão, podemos fazer a comparação entre o NPSH disponível e o NPSH requerido pela bomba para realizar a operação de bombeamento em 25 m³/h. Para isso, marcamos o ponto da vazão e traçamos uma linha vertical em direção à curva do NPSH requerido pela bomba, após interceptamos a curva, traçamos uma linha à direita até encontrarmos o valor do NPSH requerido:

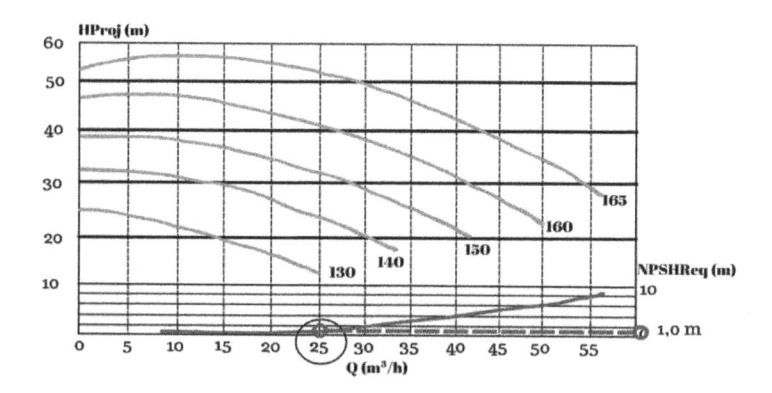

Fonte: Autor (2023).

Neste caso, podemos verificar que o NPSH requerido pela bomba para realizar a operação de bombeamento em 25 m³/h é de, aproximadamente, 1,0 metro Como o NPSH disponível no sistema é de 7,5 m, esta bomba atende ao critério de NPSH e podemos afirmar que não haverá cavitação.

Agora, o próximo passo é realizarmos a interseção entre a vazão desejada e a altura de projeto calculada, conforme mostrado abaixo:

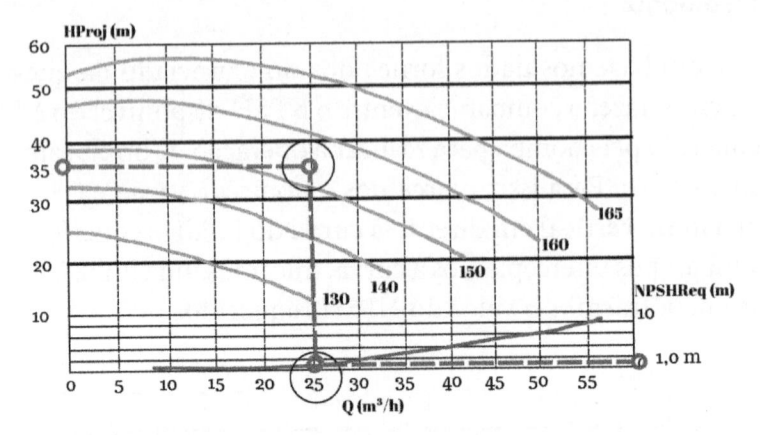

Fonte: Autor (2023).

Perceba que a interseção ocorre na área abaixo da curva do rotor de 160 mm, desta forma, ele será o escolhido. A escolha também é vantajosa do ponto de vista de rendimento, pois o ponto encontra-se praticamente no meio da curva, não estando posicionado nas extremidades, as quais apresentam um rendimento menor.

Uma vez que o rotor é escolhido é preciso verificar se a bomba atende as necessidades de fornecimento de energia para o fluido, em outras palavras, se a bomba consegue fornecer a potência mínima necessária ao fluido calculada a partir do trabalho na equação de Bernoulli.

A Figura 16 apresenta a curva de desempenho de uma bomba centrífuga que relaciona a vazão de operação com a potência máxima que pode ser fornecida pelos rotores, considerando os dados de desempenho da curva apresentada na Figura 15.

Figura 16. Curva de desempenho que relaciona a vazão e a potência máxima fornecida.

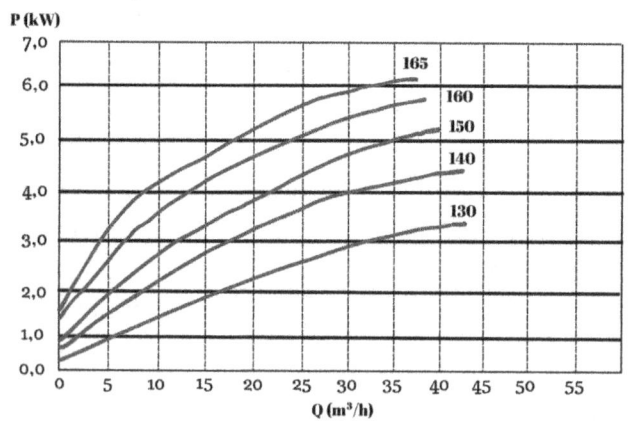

[Gráfico: P (kW) vs Q (m³/h), com curvas identificadas como 165, 160, 150, 140, 130]

Fonte: Autor (2023).

A comparação entre o rotor escolhido de uma bomba com a potência disponível para ser fornecida em função da vazão de operação determinada é fundamental para garantir que a bomba seja operada de forma eficiente e segura, pois garante que a potência mínima requerida para a realização da operação de bombeamento será contemplada.

A potência disponível para ser fornecida à bomba é a quantidade de energia elétrica ou mecânica que o sistema pode entregar à bomba para realizar o trabalho de movimentação do fluido. Essa potência disponível deve ser suficiente para atender à potência demandada pela bomba nas condições de operação desejadas. Desta forma, deverá ser correlacionada a vazão escolhida no processo e traçada uma reta vertical até tocar na curva de desempenho da potência referente ao rotor da bomba escolhido. Após esta interseção, deve-se traçar uma linha horizontal à esquerda de modo a encontrar a potência máxima que a bomba pode fornecer nestas condições.

Desta forma, se a potência máxima que pode ser fornecida pela bomba for superior à potência mínima requerida pela bomba, ela está apta para realizar a operação e pode ser escolhida.

Exercício Resolvido

Com base no exemplo anterior, verifique se o rotor escolhido (160 mm) atende as especificações quanto a potência necessária para a execução da atividade de bombeamento. Considere que a potência calculada a partir da equação de Bernoulli foi de 3,8 kW.

Resolução:

Neste caso, faremos uma comparação entre a potência calculada e a potência que a bomba pode fornecer a partir do rotor que já foi escolhido. Sendo assim, partiremos da Figura 20, onde iremos marcar o ponto da vazão de processo adotada (25 m³/h) e traçaremos uma linha vertical até a interseção com a curva referente ao rotor de 160 mm, escolhido no exemplo anterior. A partir disto, iremos traçar uma linha horizontal até encontrarmos a potência máxima que a bomba pode fornecer nestas condições operacionais:

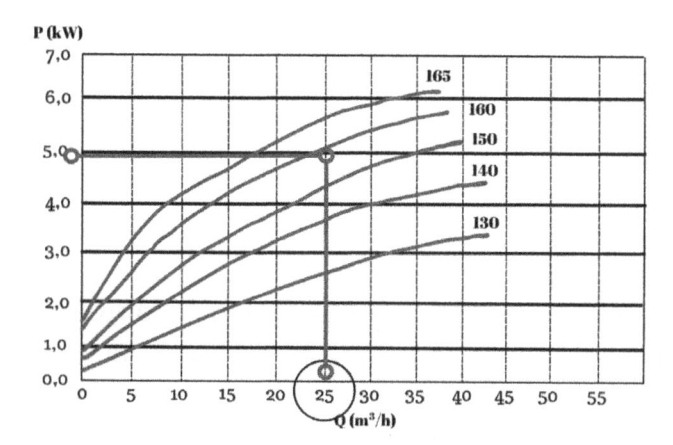

[Gráfico: P (kW) vs Q (m³/h) com curvas 165, 160, 150, 140, 130]

Fonte: Autor (2023).

Logo, podemos perceber que o valor de potência que a bomba pode fornecer nestas condições é de até, aproximadamente, 4,9 kW. De acordo com a questão, a potência necessária que devemos adotar na nossa linha de bombeamento é de 3,8 kW, portanto, a bomba pode fornecer uma potência superior à que necessitamos, sendo totalmente adequada para a operação proposta.

3.11 ESCOLHA DA BOMBA ADEQUADA

O processo de escolha da bomba adequada para o sistema de bombeamento é uma etapa fundamental no projeto do sistema, seja em processos industriais nas indústrias química e de alimentos, sistemas de tratamento de água e esgoto etc. A escolha da bomba correta influencia, de forma direta, a eficiência, confiabilidade e o custo operacional da linha de bombeamento. Este processo envolve algumas etapas e considerações detalhadas para garantir o desempenho ideal de acordo com as necessidades específicas do sistema de bombeamento.

O primeiro passo é compreender completamente as necessidades do sistema. Isso inclui determinar a vazão requerida, a pressão de descarga, as características do fluido a ser bombeado, a altura de elevação, as perdas de carga no sistema, a temperatura do fluido, entre outros parâmetros relevantes.

Em seguida, a linha de bombeamento deve ser projetada com base nas especificações levantadas, lembre-se, todas estas especificações ainda estão à nível de projeto. Após o desenho da linha de bombeamento deve-se proceder com a realização dos cálculos demonstrados anteriormente na seguinte ordem:

Cálculo da velocidade a partir da vazão estabelecida;

1. Determinação do Número de Reynolds;
2. Cálculo da perda de carga por atrito e por acessórios;
3. Cálculo do trabalho a ser realizado pela bomba pela equação de Bernoulli;
4. Cálculo da potência requerida pela bomba;
5. Cálculo das perdas de carga na linha de sucção;
6. Cálculo do $NPSH_D$ no sistema;
7. Cálculo da Altura de Projeto e Altura de Projeto Corrigida;
8. Cálculo da Viscosidade Cinemática;
9. Avaliação das curvas de desempenho de bombas;
10. Comparação entre o $NPSH_D$ e o $NPSH_{Req}$ pela bomba;
11. Encontrar um diâmetro de rotor adequado com base na altura de projeto e vazão;
12. Verificação da potência máxima fornecida pela bomba para o rotor escolhido;
13. Havendo compatibilidade com todos os itens acima, a bomba pode ser escolhida.

3.12 PONTO DE OPERAÇÃO

O ponto de operação em uma linha de bombeamento se refere ao ponto específico onde uma bomba está operando em um sistema de bombeamento. Este ponto é caracterizado por uma combinação de vários parâmetros, incluindo vazão, pressão, potência e eficiência da bomba. O conhecimento e controle do ponto de operação são fundamentais para garantir o funcionamento eficiente e confiável de sistemas de bombeamento.

O ponto de operação é influenciado por fatores como a resistência do sistema (tubulações, válvulas, acessórios), a viscosidade do fluido, a altura de elevação, a geometria da bomba e outros parâmetros do sistema. Os engenheiros de sistemas de bombeamento geralmente realizam cálculos e análises para determinar o ponto de operação mais eficiente para atender às necessidades do sistema. Manter a bomba operando próximo ao seu ponto de eficiência máxima é importante para economizar energia e prolongar a vida útil da bomba. Além disso, a capacidade da bomba deve ser adequada para atender às demandas do sistema, evitando o sobredimensionamento ou subdimensionamento.

Conforme vimos anteriormente, cada bomba possui uma curva de desempenho que descreve como seu fluxo, pressão, eficiência e potência variam em diferentes condições de operação. Estas curvas, fornecidas pelos fabricantes, são essenciais para o entendimento de como a bomba se comporta. O objetivo do ponto de operação é operar a bomba em um ponto onde a eficiência é máxima, ou seja, onde a quantidade máxima de fluido é transferida com a menor quantidade de energia consumida, o que promove economia de custos operacionais e reduz o desgaste da bomba.

Dimensionar a bomba corretamente é crucial. Uma bomba muito grande (subdimensionada) pode consumir mais energia do que o necessário em operação de baixa carga, enquanto uma bomba muito pequena (superdimensionada) pode não ser capaz de atender às demandas do sistema em carga máxima. O dimensionamento correto envolve levar em consideração as variações esperadas na demanda do sistema.

Para determinar o ponto de operação ideal de uma bomba em um sistema de bombeamento, se faz necessária a comparação entre a curva de desempenho da bomba com a curva do sistema, o que permite encontrar o ponto onde a bomba atende às necessidades específicas do sistema de bombeamento de forma eficiente. A curva do sistema representa as características do sistema de tubulação, válvulas, acessórios e demais componentes que a bomba precisa superar para fornecer a pressão e a vazão necessárias. Ela descreve como a pressão no sistema muda com o aumento da vazão. Essa curva é construída com base nas características do sistema e é geralmente determinada empiricamente através de medições ou cálculos e geralmente envolve a avaliação do sistema em 5 vazões distintas. Portanto, você deverá realizar os cálculos apresentados no item 3.11 para diferentes vazões a fim de construir a curva do sistema (vazão *vs* altura de projeto corrigida).

O ponto de operação ideal é onde a curva de desempenho da bomba e a curva do sistema se intersectam. Isso significa que a bomba está fornecendo a vazão e a pressão necessárias para atender às demandas do sistema com eficiência. Nesse ponto, a eficiência da bomba tende a ser a mais alta possível para as condições de operação específicas.

Exercícios de fixação

1. Descreva o processo de cavitação em uma bomba. Quais são os efeitos prejudiciais da cavitação em uma bomba?

2. Quais são os sintomas visuais e auditivos da cavitação em uma bomba? Como os operadores podem identificar a ocorrência desse fenômeno?

3. Diferencie o funcionamento de bombas centrífugas e de deslocamento positivo. Como é definida a escolha para o uso de uma delas?

4. Suco de Laranja concentrado com 65 °Brix de polpa a 20°C (ρ = 1.264,7 kg/m^3), escoa a uma vazão mássica de 6.200 kg/h, em uma tubulação de 103 m de comprimento e diâmetro de 154,1 mm. Nestas condições de concentração e temperatura, o comportamento reológico do suco de laranja pode ser considerado como pseudoplástico, apresentando índice de consistência de 1,3 Pa.s^n e índice de comportamento igual a 0,77. Determine o Fator de Atrito e a perda de carga provocada pelo atrito ao longo desse trecho de tubulação.

5. Suco de Limão a 28 °C, de características newtonianas, (ρ = 1.030 kg/m^3; μ = 0,0032 Pa.s; Pv = 4000 Pa) é bombeado a uma vazão de 30 m^3/h de um reservatório aberto cuja base está situada a 12 metros acima do nível da bomba para outro reservatório aberto localizado a 20 metros acima do nível da bomba. Os dois tanques possuem colunas de líquido de 4 metros. A tubulação de aço inoxidável apresenta diâmetro de 0,1974 m e é composta por 2 joelhos (Kf = 0,75) e duas válvulas gaveta (Kf = 2,5). Considere que o dispositivo de entrada e saída dos tanques possui um Kf = 0,40. Um dos joelhos e duas válvulas estão localizadas na linha de descarga. O comprimento total da tubulação é de 45 metros, sendo, 16 metros localizados na linha de sucção.

Diante do exposto, determine:

O desenho da linha de bombeamento;

a. O perfil de escoamento do fluido;
b. O trabalho e a potência necessária para que o bombeamento ocorra;
c. O NPSH disponível pelo sistema;
d. A altura de projeto;
e. Com base na curva de desempenho apresentada nas Figuras 15 e 16, informe se ela está apta para realizar a operação e, em caso positivo, indicar o rotor.

6. Uma bomba deve alimentar 30 m³/h de creme hidratante a 25 °C, de características newtonianas, ($\rho=1.025$ kg/m³; $\mu=0.0060$ Pa.s; $P_v = 3170$ Pa) para um reservatório aberto situado a 10,5 m acima do eixo da bomba, a partir de um reservatório de aspiração, também aberto e situado 2,0 m acima do eixo da bomba. A tubulação é composta de aço inoxidável de diâmetro de 60 mm contendo 26 metros de comprimento. Os únicos acessórios disponíveis nesta linha são o de entrada do tanque (Kf=0,40) e o de saída (Kf = 0,23). Determine: o desenho da linha de bombeamento; o trabalho e a potência necessária para que o processo ocorra; o NPSH e a altura de projeto e indique qual modelo de bomba e rotor deve ser utilizado, se possível.

7. De acordo com as informações de projeto abaixo, escolha possíveis bombas e respectivos rotores para serem utilizadas, de acordo com as curvas de performance pela empresa Alfa Laval, disponível em: (https://www.alfalaval.com/globalassets/documents/products/fluid-handling/pumps/centrifugal-pumps/lkh/performance-curves---alfa-laval-lkh.pdf)

a. $H_{proj} = 20$ m; $Q = 15$ m³/h; $NPSH_{sistema} = 0,5$ m; $d = 1.030$ kg/m³; $\mu = 0,0018$ Pa.s.
b. $H_{proj} = 10$ m; $Q = 14$ m³/h; $NPSH_{sistema} = 5,0$ m; $d = 1.035$ kg/m³; $\mu = 0,0014$ Pa.s
c. $H_{proj} = 20$ m; $Q = 15$ m³/h; $NPSH_{sistema} = 3,0$ m; $d = 1.030$ kg/m³; $\mu = 0,35$ Pa.s.
d. $H_{proj} = 12$ m; $Q = 12,5$ m³/h; $NPSH_{sistema} = 3,5$ m; $d = 1.035$ kg/m³; $\mu = 0,0017$ Pa.s.
e. $H_{proj} = 9$ m; $Q = 16$ m³/h; $NPSH_{sistema} = 3,5$ m; $d = 1.030$ kg/m³; $\mu = 0,0040$ Pa.s.

8. O que acontece com uma linha de bombeamento quando o NPSH do sistema é insuficiente, quando comparado ao NPSH requerido pela bomba? Quais modificações podem ser feitas na linha de processamento de modo a aumentar o NPSH do sistema?

3.13 BIBLIOGRAFIA RECOMENDADA

ANTONENKO, S.; SAPOZHNIKOV, S.; CHERNOBROVA, A.; MADRYKA, A. (2022). Creation a universal technique of predicting performance curves for small-sized centrifugal stages of well oil pump units. *Journal of Physics*, 1741, 201-210 p.

AZAD, S.; LOTFI, H.; RIASI, A. The effects of viscoelastic fluid on the cavitation inception and development within a centrifugal pump: An experimental study. *International Communications in Heat and Mass Transfer*, 2019. 107, 106-113 p.

BARROS, T. R. B.; SEGUNDO, V. A. G.; SOUZA, C. C. N.; SILVA, J. N. Estudo e monitoramento tecnológico de utilização do ultrassom em processos químicos e com membranas. *Cadernos de Prospecção*, 2019. 12(2), 360-367 p.

BINAMA, M., MUHIRWA, A.; BISENGINAMA, E. Cavitation effects in Centrifugal Pumps – A Review. Int. *Journal of Engineering Research and Applications*, 2016. 6(5), 52-63 p.

CHEN, S.; ZHANG, Q.; YANG, Q.; HE, J. Parametric Design and Application of Jet Pumping in an Ultra-Deep Heavy Oil Reservoir. SPE *International Oil and Gas Conference and Exhibition*, Beijing: China, 2010.

DE SOUZA, L. H. M.; BEZERRA, D. J.; PERES, S.; ROCHA, N. M. S.; CAETANO, G. L.; OLIVEIRA, T. A. Análise de corrosão por cavitação em bombas centrífugas numa torre de resfriamento. *Brazilian Journal of Development*, 2021. 7 p. 60556-60577.

ONMEZ, A. H.; YUMURTACI, Z.; KAVURMACIOGLU, L. The Effect of Inlet Blade Angle Variation on Cavitation Performance of a Centrifugal Pump: A Parametric Study. Journal of Fluids Engineering, 2019. 141(2), 211-221 p.

FOEGEDING, E. A.; DRAKE, M. A. Invited Review: Sensory and Mechanical Properties of Cheese Texture. *Journal of Dairy Science*. 2007. 90, 1611-1624 p.

GAI, S.; PENG, Z.; MONGHTADERI, B.; YU, J.; DOROODCHI, E. LBM study of ice nucleation induced by the collapse of cavitation bubbles. *Computers & Fluids*, 2022. 246, 616-622 p.

GULICH, J. F. Effect of Reynolds Number and Surface Roughness on the Efficiency of Centrifugal Pumps. *Journal of Fluids Engineering*, 2003. 125(4), 670-679 p.

JOYNER, H. S.; DAUBERT, C. R. Rheological Principles for Food Analysis. In: Nielsen, S. S. (eds) Food Analysis. F*ood Science Text Serie*s, Springer. Cham, 2017. 1, 511-527 p.

KROP, E. M.; HETHERINGTON, M. M.; HOLMES, M.; MIQUEL, S.; SARKAR, A. On relating rheology and oral tribology to sensory properties in hydrogels. *Food Hydrocolloids*. 2019. 88, 101-113 p.

LIU, X.; MOU, J.; XU, X.; QIU, Z.; DONG, B. A Review of Pump Cavitation Fault Detection Methods Based on Different Signals. Processes, 2023. 11(7), 2007-2020 p.

MALEY, M. R. (2023). Michael Maley's Engineering Site. Moody Chart Calculator. Disponível em: <http://www.advdelphisys.com/michael_maley/Moody_chart/>. Acesso em: 18 ago. 2023.

MEZGER, T. (2020). *The Rheology Handbook:* For users of rotational and oscillatory rheometers. 5th revised edition. Hannover: Vincentz Network, 511 p.

MUROVEC, J.; CUROVIC, L.; NOVAKOVIC, T.; PREZELJ, J. Phychoacoustic approach for cavitation detection in centrifugal pumps. *Applied Acoustics*, 2020. 165, 323-330 p.

NEIVA, A. C. C.; ROCHA, B. A.; SILVA, C. C. *Produção de óxido de etileno*. Trabalho de Conclusão de Curso (Bacharelado em Engenharia Química), Universidade de Brasília: Brasília, 2022. 88 p.

NOURBAKHSH, A.; JAUMOTTE, A.; HIRSCH, C.. PARIZI, H. B. *Turbopumps and Pumping Systems*, Springer. 1. ed. Berlim: Germany, 2008. 225 p.

ROLLE, L.; SIRET, R.; SAGADE, S. R.; MAURY, C.; GERBI, V.; JOURJON, F. Instrumental Texture Analysis Parameters as Markers of Table-Grape and Winegrape Quality: A Review. *Am J Enol Vitic,* 2012. 63, 11-28 p.

SAGAR, H. J.; MOCTAR, O. E. Dynamics of a cavitation bubble between oblique plates. *Physics of Fluids*, 2023. 35, 324-329 p.

SINGH, P.; SHARMA, K.; PUCHADES, I.; AGARWAL, P. B. A comprehensive review on MEMS-based viscometers. Sensor and Actuators A: *Physical*, 2022. 338, 113-120 p.

TAO, R.; XIAO, R.; WANG, Z. Influence of Blade Leading-Edge Shape on Cavitation in a Centrifugal Pump Impeller. *Energies*, 2018. 11(10), 2588-2595 p.

WEE, M. S. M.; GOH, A. T.; STIEGER, M.; FORDE, C. G. Correlation of instrumental texture properties from textural profile analysis (TPA) with eating behaviours and macronutrient composition for a wide range of solid foods. *Food & Function*. 2018. 10, 38-46 p.

WU, D.; REN, Y.; MOU, J.; GU, Y.; JIANG, L. Unsteady Flow and Structural Behaviors of Centrifugal Pump under Cavitation Conditions. *Chinese Journal of Mechanical Engineering,* 2019. 32, 88-97 p.

XU, Z.; KONG, F.; ZHANG, H.; ZHANG, K.; WANG, J.; QIU, N. Research on Visualization of Inducer Cavitation of High-Speed Centrifugal Pump in Low Flow Conditions. *Journal of Marine Science and Engineering*, 2021. 9(11), 1240-1251 p.

YODA, H.; URANISHI, K.; TAAHASHI, C.; HANDA, Y. A Study of Efficiency Corrections for Centrifugal Pumps Handling Viscous Liquids in ISO/TR 17766:2005. *International Journal of Fluid Machinery and Systems*, 2021. 14(3), 270-279 p.

YUN, L.; RONGSHENG, Z.; DEZHONG, W. A cavitation performance prediction method for pumps PART1-Proposal and feasibility. *Nuclear Engineering and Technology*, 2020. 51(11), 2471-2478 p.

ZHAO, W.; ZHAO, G. An active method to control cavitation in a centrifugal pump by obstacles. *Advances in Mechanical Engineering*, 2017. 18, 33-41 p.

ZHUKOV, V. M. *Investigation of Cavitation Destruction of Pre-Engineered Wheels of Centrifugal Pumps for Power Engineering*. Tese (Doutorado em Engenharia), Chalmers University of Technology, Göteborg, Suécia, 1975. 240 p.

CAPÍTULO 4
AGITAÇÃO E MISTURA

Na indústria de alimentos, a agitação e a mistura desempenham um papel crítico na produção de produtos de alta qualidade. Neste capítulo, exploraremos a importância desses processos e seu impacto na fabricação de alimentos seguros e saborosos. Aqui, você será capaz de dimensionar um processo de agitação e mistura para a indústria.

INTRODUÇÃO

As operações de agitação e mistura são comuns a diversos tipos de indústrias, incluindo química, farmacêutica, alimentos, bebidas, petroquímicas etc. A diferença entre elas está relacionada ao padrão de movimentação que elas proporcionam aos fluidos (Cullen *et al.*, 2009).

A agitação tem como objetivo induzir o movimento do fluido em uma direção específica, e ocorre usualmente no interior de um tanque, sendo realizada por meio de impulsores giratórios para a produção de um perfil circulante. Por sua vez, a mistura promove uma distribuição aleatória e com certo grau de homogeneidade de uma ou mais fases ou substâncias que se encontram inicialmente separadas, dentro ou por meio de outra fase ou substância. Desta forma é possível exemplificar que um tanque com água pode ser agitado, enquanto um material em pó pode ser misturado à água.

Os objetivos da agitação e mistura são promover a aceleração da transferência de calor e massa ao adicionar os coeficientes de convecção nas equações a partir da movimentação forçada do fluido, além disso, facilita a ocorrência de um meio líquido suspende partículas sólidas em um meio líquido, misturar líquidos imiscíveis, dispersar gases em líquidos e dispersar um segundo líquido, que é imiscível com o primeiro para a formação de emulsões.

Na indústria química, a agitação e a mistura podem ser empregadas na síntese química através da mistura de reagentes e promovendo a formação de diversos produtos desejados. Em processos de fabricação de polímeros, a agitação é aplicada para aumentar o contato entre monômeros e catalisadores, formando os polímeros de alto peso molecular. Ademais, pode ser aplicada na mistura de produtos químicos para a produção de tintas, vernizes, adesivos e produtos de limpeza.

Na indústria farmacêutica permite a mistura de ingredientes ativos, excipientes e aglutinantes na formulação de medicamentos, permite criar suspensões homogêneas de partículas sólidas ou formar emulsões e garante que ingredientes de um comprimido se dissolvam de modo uniforme para uma absorção eficaz.

A indústria de alimentos utiliza a agitação e a mistura como forma de dispersar hidrogênio em reatores de hidrogenação de gorduras, promover a circulação de líquidos em tanques de fermentação, agitar fluidos durante tratamentos térmicos para promover melhor distribuição do calor, presença de agitação em tanques de extração ou cozimento para melhorar a transferência de massa, tanques de recirculação de salmoura para refrigeração e suspensão de sólidos sedimentados para facilitar seu arraste por bombeamento.

4.1 CARACTERÍSTICAS DE UM AGITADOR

Um agitador é o equipamento que é projetado para promover a agitação e a mistura de líquidos e/ou sólidos em líquidos em processos industriais. As características deste equipamento podem variar de acordo com o tipo de aplicação e das necessidades envolvidas no processo.

Entretanto, de modo geral ele é composto por um motor acoplado a um redutor de velocidade, apresenta um eixo que está conectado ao motor e este eixo receberá a energia elétrica obtida pelo motor e transformará em rotação. Ao final do eixo, tem-se o impulsor que possui palhetas, as quais são responsáveis por movimentar o fluido. O agitador pode possuir uma camisa de aquecimento ou resfriamento se estiver envolvido em processos térmicos.

A Figura 17 apresenta uma configuração de tanque com agitador acoplado.

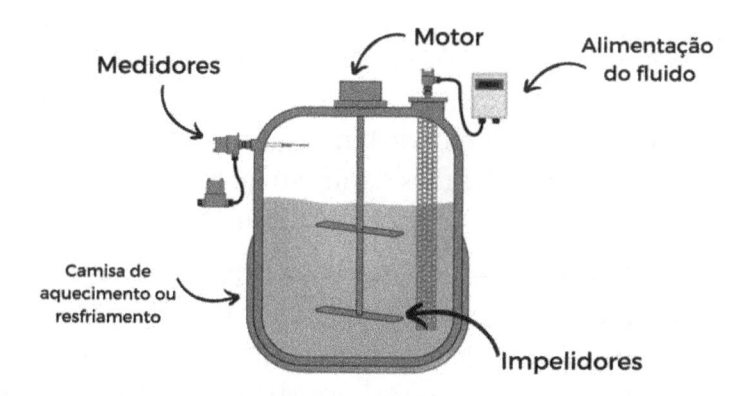

Figura 17. Configuração típica de um tanque de agitação.

Fonte: Adaptado de Lince (2023).

Os impulsores são componentes essenciais de agitadores e misturadores e promovem o movimento e a agitação de fluidos em tanques ou recipientes industriais. Eles são projetados de várias formas e tamanhos para atender as necessidades da mistura, agitação ou dispersão a depender das características do fluido e dos objetivos do processo. A sua fixação a um eixo giratório é obrigatória e, quando o eixo é acionado, os impulsores geram o movimento no fluido através da transferência da quantidade de movimento.

A escolha do impulsor adequado depende de fatores como a viscosidade do fluido, o objetivo da mistura, a geometria do tanque e as características do processo. Projetar o impulsor correto é essencial para alcançar a agitação eficiente e a mistura homogênea do fluido, resultando em processos mais eficazes e produtos de melhor qualidade.

Os impulsores são classificados em dois grandes grupos:

1. **Agitadores desenhados para líquidos de baixa viscosidade**: agitadores desenhados para líquidos de baixa a moderada viscosidade geralmente são projetados para fornecer uma agitação eficiente e uma mistura homogênea em fluidos que fluem mais facilmente. Esses tipos de agitadores são ideais para processos em que a viscosidade do líquido não apresenta desafios significativos à agitação e mistura, permitindo uma operação relativamente simples e eficaz.

2. **Agitadores desenhados para líquidos de alta viscosidade**: são agitadores projetados para líquidos de alta viscosidade e lidam com o desafio associado à agitação de fluidos mais espessos e resistentes ao fluxo. Estes agitadores precisam fornecer uma tensão de cisalhamento maior para superar a resistência da viscosidade e garantir a agitação e a mistura de forma eficiente.

A Figura 18 apresenta os principais tipos de agitadores utilizados na indústria de alimentos e química.

Um dos principais tipos de agitadores são as hélices, as quais são ideais para fluidos de baixa viscosidade e geram o padrão de circulação axial. São utilizadas para homogeneizar a suspensão de sólidos, mistura de fluidos e promover transferência de calor. Elas podem operar em ampla faixa de rotação e o diâmetro da hélice (Da) é, geralmente, 1/10 do diâmetro do tanque (Dt) e são configuradas com diferentes números de pás e ângulos de inclinação para otimizar o efeito da agitação.

Figura 18. Principais tipos de impulsores aplicados na agitação e mistura de fluidos.

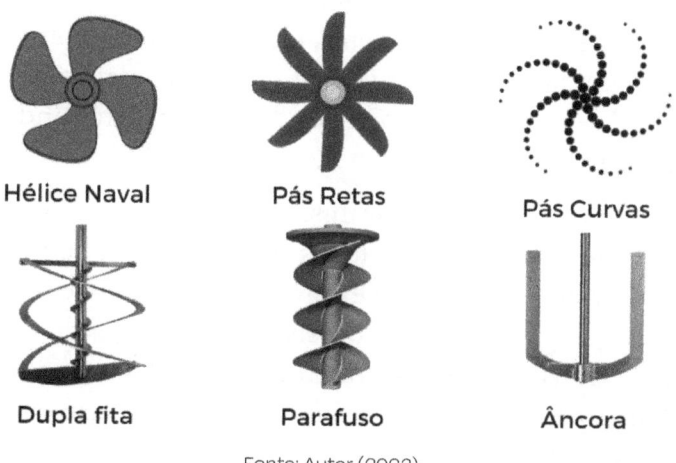

Hélice Naval   Pás Retas   Pás Curvas

Dupla fita   Parafuso   Âncora

Fonte: Autor (2023).

As turbinas de pás retas, curvas ou inclinadas possuem aplicação em um grande intervalo de viscosidade (0,0001 a 50 Pa.s.), sendo adequado para a agitação de fluidos de viscosidade moderada, contudo, apresentam alto consumo energético quando existe a necessidade de aplicação de grande tensão de cisalhamento. Elas podem promover a geração de um fluxo de escoamento misto (radial e axial), o que maximiza o processo de mistura. Geralmente o diâmetro da pá (Da) é 1/3 do diâmetro do tanque (Dt).

Impulsores do tipo âncora são projetados para proporcionar uma agitação suave e eficaz em líquidos viscosos, sensíveis ou não newtonianos, nos quais a agitação vigorosa pode causar um cisalhamento excessivo e promover danos irreversíveis ao líquido. Estes impulsores apresentam pás largas e planas que se assemelham a âncoras. São ideais para produtos líquidos com alta viscosidade, como géis, pastas, cremes e soluções espessas.

Os agitadores que possuem a configuração de dupla fita helicoidal são projetados para agitar e misturar produtos viscosos, pastosos ou sólidos que não fluem facilmente e que não são homogêneos. Eles apresentam duas fitas helicoidais dispostas em forma paralela em um eixo central, criando um movimento de torção e cisalhamento no fluido. As fitas helicoidais evitam que o material se acumule nas paredes do tanque, garantindo uma mistura uniforme em todo o volume do líquido.

Os agitadores do tipo parafuso, também chamados de agitadores helicoidais são projetados para a mistura de produtos viscosos, pastosos ou sólidos e apresentam uma hélice ou rosca contínua que gira em torno do eixo central, criando o movimento de transporte e mistura do material. Essa configuração é vantajosa para produtos que necessitam ser transportados e, ao mesmo tempo, misturados.

A figura 19 apresenta os intervalos de viscosidade mais adequados para cada tipo de agitador.

Figura 19. Operação dos agitadores com relação à faixa de viscosidade.

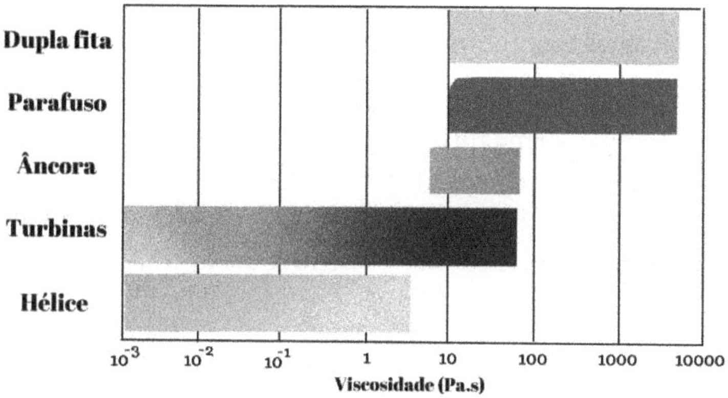

[Gráfico de barras mostrando faixas de viscosidade (Pa.s) de 10^{-3} a 10000 para os agitadores: Dupla fita, Parafuso, Âncora, Turbinas e Hélice]

Fonte: Autor (2023).

4.2 COMPONENTES DE VELOCIDADE DESENVOLVIDAS DENTRO DE AGITADORES

Como visto na seção anterior, os diferentes tipos de impelidores podem proporcionar diferentes formas de promover o fluxo de escoamento dentro dos agitadores. Os fluxos existentes são: radial, axial e tangencial.

Estas componentes de velocidade são elementos importantes no contexto da agitação de mistura em agitadores industriais, pois descrevem como será o movimento do fluido em relação ao agitador e às paredes do tanque e consistem em ferramentas importantes para promover uma maior eficiência no processo de agitação e mistura.

A componente radial consiste naquela que proporciona o fluxo de escoamento do fluido de forma perpendicular ao eixo de agitação, ou seja, promove a movimentação do fluido em direção às paredes do tanque. Esse componente de velocidade é responsável por promover o afastamento do fluido do centro do tanque e colabora para evitar a formação de zonas mortas, onde a agitação é menos eficaz.

Já a componente axial atua em direção paralela ao eixo de agitação, desta forma, promove o fluxo de escoamento ao longo da extensão do eixo de agitação e em direção à base do tanque. Ela é importante nos agitadores onde o processo requer um movimento ascendente ou descendente do fluido, sobretudo, na mistura de sólidos solúveis.

Por sua vez, a componente tangencial de velocidade, como o próprio nome sugere, atua de forma tangencial ao eixo de agitação, formando um movimento de cisalhamento e turbulência no fluido. Ela é importante para promover a mistura e quebra de partículas aglomeradas e favorece a dispersão de sólidos ou dissolução de substâncias sólidas em líquidos.

Desta forma, a combinação adequada destes componentes e as suas proporções é fundamental para obter uma agitação e mistura eficazes no âmbito do processo industrial. Aspectos de projeto do agitador como o tipo de impelidor, geometria do tanque e a velocidade de rotação influenciam diretamente a presença e magnitude de cada uma das componentes. Neste aspecto, é importante criar um equilíbrio entre as componentes radial, axial e tangencial de forma a obter uma mistura homogênea e desejada, evitando problemas como excesso de turbulência, cisalhamento efetivo ou a formação de zonas mortas dentro do tanque.

A Figura 20 apresenta uma ilustração da ação de cada uma destas componentes de velocidade em tanques de agitação.

Figura 20. Ação das componentes de velocidade em tanques de agitação.

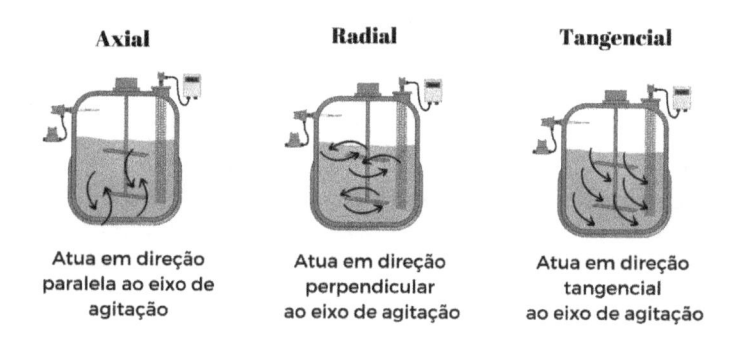

Axial	Radial	Tangencial
Atua em direção paralela ao eixo de agitação	Atua em direção perpendicular ao eixo de agitação	Atua em direção tangencial ao eixo de agitação

Fonte: Adaptado de Lince (2023).

Entretanto, existe um problema relacionado à presença majoritária da componente tangencial dentro de agitadores: a formação do vórtice ou vórtex. Ele é um fenômeno que ocorre quando a agitação do fluido apresenta um movimento rotacional excessivo na superfície do líquido. Este movimento cria um vórtice, uma espécie de redemoinho, que afeta negativamente a eficiência da agitação, a qualidade da mistura e, em alguns casos, até a segurança operacional.

A formação do vórtice é ocasionada pela alta velocidade tangencial do fluido nas regiões superiores do fluido e próximas do eixo de agitação. Geralmente ocorre em agitadores que operam em altas velocidades que operam com fluidos de baixa viscosidade ou que possuem o eixo de agitação próximo à superfície do líquido, bem como em tanques de pequena profundidade.

O vórtice promove o aparecimento de zonas mortas no tanque onde a agitação é ineficaz. O fluido presente nestas zonas não é misturado da forma correta, afetando a homogeneidade do produto. Além disso, quando o vórtice é formado, ele tende a perpetuar o movimento circulatório e prejudicando a ação das componentes radial e axial. O movimento rotacional excessivo próximo ao eixo de agitação faz com ocorra a criação de uma zona de baixa pressão e a coluna de líquido tende a reduzir o seu nível em torno do eixo de agitação, conforme mostrado na Figura 21. Este comportamento permite o arraste de ar ou gases para dentro do líquido gerando bolhas indesejáveis para a qualidade de muitos produtos da indústria química e de alimentos.

Figura 21. Exemplo de formação de vórtice.

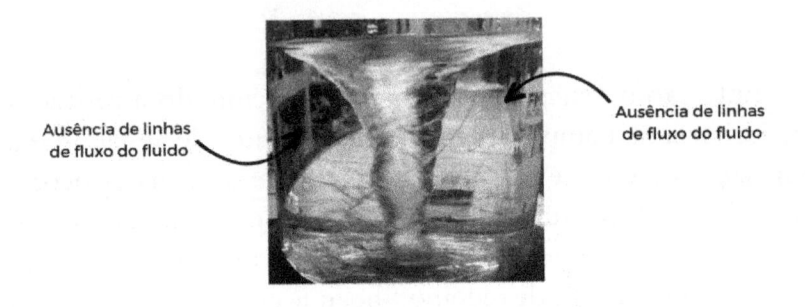

Ausência de linhas de fluxo do fluido

Ausência de linhas de fluxo do fluido

Fonte: Autor (2023).

Além desta problemática, a presença do vórtice pode exigir a utilização de velocidades de agitação mais elevadas, o que compromete o rendimento da operação devido ao maior consumo de energia. Em algumas situações, a formação do vórtice pode ser perigosa, especialmente em processos de agitação de fluidos tóxicos ou inflamáveis, pois aumentam o risco de respingos, derramamento e até mesmo vazamento de fluido do tanque.

O vórtice pode ser minimizado ou evitado a partir de ajustes na geometria do tanque como modificar a posição do eixo de agitação, colocando-o inclinado em uma angulação de 45°, por exemplo. A inclusão de dois ou mais eixos de agitação laterais pode colaborar para a redução do efeito do vórtice. O uso de impulsores de pás inclinadas pode direcionar o fluxo de maneira mais eficiente, além da inclusão de defletores ou chicanas que são estruturas colocadas, de forma estratégica, no interior dos tanques com o objetivo de direcionar o fluxo de maneira mais controlada e eficaz.

A utilização dos defletores pode auxiliar na quebra do fluxo direto e turbulento promovido pelo agitador, dividindo-o em correntes controladas e direcionadas, desta forma, eles promovem a interação entre as correntes favorecendo o processo de mistura. Estas estruturas também colaboram para minimizar o aparecimento de zonas mortas, garantindo que todas as partes do tanque sejam agitadas de modo uniforme. E em aplicações onde os produtos são extremamente sensíveis ao cisalhamento excessivo, o uso dos defletores pode colaborar para a redução da intensidade da agitação.

4.3 PROJETO DE AGITADORES

O projeto de agitadores se caracteriza por ser um processo complexo que envolve diversas considerações técnicas, operacionais e de segurança de modo a garantir a eficiência da agitação e mistura em processos industriais. Por isso, o projeto deste equipamento baseia-se em métodos de semelhanças de sistemas através do uso de números adimensionais para a obtenção dos parâmetros de funcionamento e mudanças de escala.

O projeto de agitadores envolve quatro etapas:

1. Seleção do tipo de impulsor;
2. Cálculo das dimensões geométricas;
3. Cálculo da frequência rotacional do impulsor;
4. Cálculo da potência requerida para o agitador.

A seleção do tipo de impulsor determinará como a agitação ocorrerá no fluido, ele deve ser selecionado com base nas propriedades do fluido e no objetivo do processo de agitação (mistura, suspensão, dispersão etc.).

Com relação às dimensões geométricas do agitador tais como o diâmetro do tanque (D_t) e do agitador (D_a), altura do agitador desde a base do tanque (H_a), altura do líquido (H_L), largura dos defletores (W_d) serão calculadas de acordo com as características do fluido, do tanque e do tipo de agitação necessária.

O cálculo da frequência do impulsor é dado em rotações por minuto (rpm) e deve ser o suficiente para alcançar o nível desejado de agitação e mistura. A frequência dependerá da viscosidade do fluido, do tamanho e geometria do tanque, do agitador e do objetivo do processo.

A potência requerida pelo agitador é influenciada por características do fluido, do tanque e do impelidor. A potência a ser fornecida pelo motor será função da densidade, viscosidade, frequência rotacional do impulsor, diâmetro do agitador e do tanque, altura do agitador desde a base do tanque, altura do líquido, largura dos defletores e altura das pás.

Desta forma, matematicamente temos que:

$$P = f\left(\rho, \mu, N, D_a, D_t, H_a, H_L, W_D, g\right) \qquad (34)$$

O número de variáveis pode ser reduzido a partir do uso dos números adimensionais de potência (N_{po}), Reynolds (N_{Re}) e Froude (N_{Fr}).

$$N_{PO} = \frac{P}{D_a^5 \cdot N^3 \cdot \rho} \tag{35}$$

$$N_{Re} = \frac{D_a^2 \cdot N \cdot \rho}{\mu} \tag{36}$$

$$N_{Fr} = \frac{D_a \cdot N^2}{g} \tag{37}$$

O número de potência consiste em uma medida que se refere a potência de agitação necessária para vencer as forças viscosas do fluido e é uma ferramenta útil para comparar diferentes sistemas de agitação e dimensionar agitadores de acordo com as características do processo.

As relações entre o número de Reynolds e o número da potência é possível a partir de dados experimentais e análise gráfica. Observe que o número de Reynolds para os processos de agitação e mistura é um pouco diferente do utilizado para a operação de bombeamento de fluidos. Sendo assim, para tanques agitados, temos que:

- N_{Re} < 10 indica escoamento **laminar**.
- N_{Re} entre 10 e 100.000 considera-se escoamento em **regime de transição**.
- N_{Re} > 100.000 indica escoamento **turbulento**.

Além destes números adimensionais, que vamos chamar de números adimensionais dinâmicos, temos relações adimensionais entre os parâmetros geométricos do tanque, os quais estão apresentados abaixo:

$$\frac{D_t}{D_a} = 3 \tag{38}$$

$$\frac{H_a}{D_a} = 1 \tag{39}$$

$$\frac{H_L}{D_a} = 3 \tag{40}$$

$$\frac{W_D}{D_t} = 0{,}1 \tag{41}$$

É importante salientar que estas relações adimensionais só contemplam tanques que apresentam geometria padrão, ou seja, com formas e dimensões específicas que são amplamente reconhecidas e utilizadas na indústria. As geometrias padronizadas colaboram para a simplificação da pesquisa e o desenvolvimento de processos de agitação, bem como a comparação entre resultados de diferentes estudos e aplicações. Geralmente, os tanques são cilíndricos ou retangulares e apresentam apenas um eixo de agitação a 90° com relação à base do tanque, conforme Figura 17.

4.4 DETERMINAÇÃO DA POTÊNCIA REQUERIDA PARA AGITAÇÃO DE FLUIDOS NEWTONIANOS

A determinação da potência requerida em agitadores é um aspecto fundamental no projeto destes equipamentos, pois colabora para o dimensionamento do motor de um agitador e garantir que ele seja capaz de promover uma agitação eficiente com base nas necessidades dos processos. Atualmente, existem diversas abordagens e equações empíricas que podem ser aplicadas para o cálculo da potência requerida.

O método mais utilizado é a correlação entre o número de Reynolds, aspectos construtivos do impelidor e o número de potência, sobretudo, para fluidos em regime de transição e escoamento turbulento.

Para a região de escoamento laminar, a determinação do número de potência é dada pela seguinte equação:

$$N_{Po} = \frac{K_p}{N_{Re}} \qquad (42)$$

Kρ, também conhecido como fator de potência, é utilizado para a determinação do número de potência em sistemas de agitação em escoamento laminar. É uma constante adimensional que varia de acordo com o tipo de agitador e a geometria do tanque e é obtido empiricamente por meio de experimentação e testes em laboratório para diferentes tipos de agitadores, condições de agitação e diferentes tipos de fluidos.

Para as regiões de escoamento em transição e turbulento, a determinação do número de potência deve levar em consideração o número de Reynolds da operação de agitação e mistura, bem como características intrínsecas do agitador, conforme mostrado na Figura 22.

É importante conhecermos as características dos agitadores, por exemplo, as curvas 1 e 3 consistem em turbinas de Rushton de 6 pás retas, enquanto as curvas 2 e 4 são hélices de pás retas, a curva 5 corresponde a um agitador de hélice de pás curvas e a curva 6 um agitador de hélice de pás inclinadas.

Figura 22. Número de potência em função de aspectos construtivos dos impelidores e do Número de Reynolds.

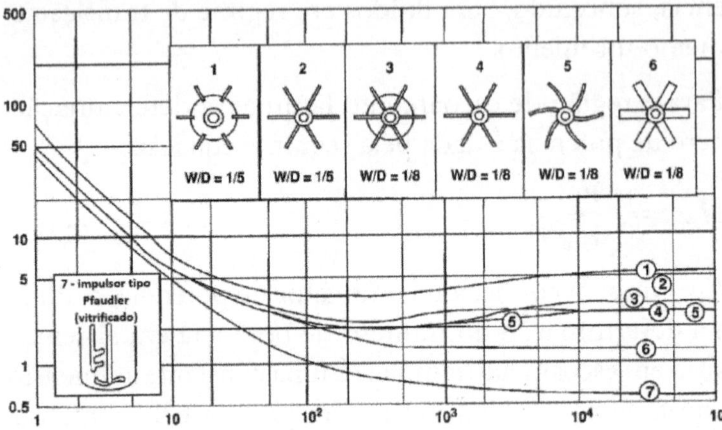

Fonte: Adaptado de Rushton *et al.*, (1950).

Exercício resolvido

Uma indústria de processamento está agitando formulação de refrigerante, de características newtonianas ($\mu=0{,}2$ Pa.s, e $\rho=1.080$ kg/m^3) e inserindo corante durante a operação. Para a operação está sendo utilizado um impulsor do tipo hélice de pás retas com relação W/D = 0,125, em um tanque de características geométricas padrão que possui 04 defletores. O diâmetro do impulsor é de 0,51 m e a frequência rotacional é de 100 rpm.

Determine a potência adequada para o processo, sabendo que o conjunto do motor e sistema de transmissão apresenta eficiência de 70%. Forneça também as dimensões geométricas do tanque.

Resolução:

O passo a passo para a resolução desta questão envolve o cálculo do número de Reynolds, relacioná-lo com o número de potência, calcular a potência necessária e usar os números adimensionais geométricos para o estabelecimento das dimensões que restam a partir do diâmetro do impulsor. Desta forma, iniciamos a resolução a partir da equação 36, lembrando que a frequência rotacional (N) deve ser convertida para rotações por segundos.

$$N_{Re} = \frac{D_a^2 \cdot N \cdot \rho}{\mu} = \frac{(0,51)^2 \cdot 1,67 \cdot 1080}{0,2} = 2345,18$$

Desta forma, o escoamento está em regime de transição. Agora, o próximo passo que devemos realizar é encontrar o número de potência, como o regime observado é o de transição, iremos utilizar o gráfico apresentado na Figura 22 para correlacionarmos o número de Reynolds com o número de potência:

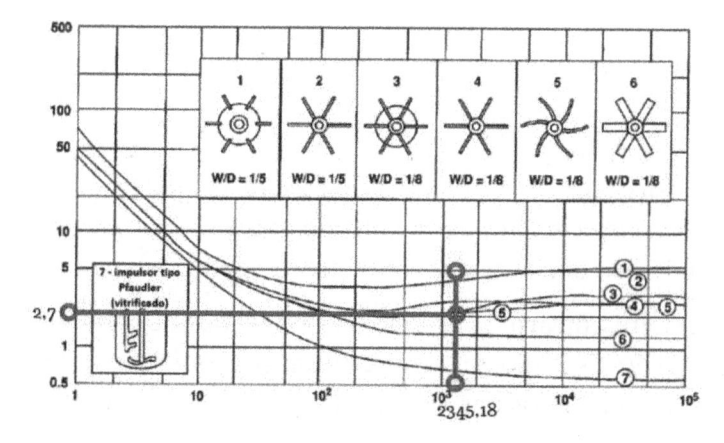

Fonte: Adaptado de Rushton *et al.*, (1950).

Desta forma, marcamos o número de Reynolds e correlacionamos com a curva número 4 (impulsor do tipo hélice de pás retas, com relação W/D = 0,125 ou 1/8). A partir disto, traçamos uma reta horizontal para a esquerda e encontramos o número de potência.

Sendo assim, podemos calcular o número de potência a partir da equação 35:

$$N_{PO} = \frac{P}{D_a^5 \cdot N^3 \cdot \rho} \rightarrow P = N_{PO} \cdot D_a^5 \cdot N^3 \cdot \rho$$

$$P = 2{,}7 \cdot (0{,}51)^5 \cdot (1{,}67)^3 \cdot 1080$$

$$P = 468{,}58\ W$$

Este é o valor de potência que o sistema de agitação deve fornecer ao fluido, entretanto, a eficiência deste processo é de 70%, portanto, a potência a ser fornecida pelo motor para o sistema de transmissão deverá ser de:

$$P_{ot} = \frac{P}{\eta} = \frac{468{,}58}{0{,}7} = 669{,}40\ W$$

Ao fornecer uma potência de 669,40 W podemos garantir que no fluido chegará à potência de 468,58 W, o que garantirá uma agitação eficiente nas condições determinadas na questão.

Para encontrarmos as demais dimensões do tanque temos que utilizar os números adimensionais geométricos, os quais foram apresentados nas equações 38 a 41.

$$\frac{D_t}{D_a} = 3 \rightarrow D_t = 3D_a = 3 \cdot 0{,}51 = 1{,}53\ m$$

$$\frac{H_a}{D_a} = 1 \rightarrow H_a = D_a = 0{,}51\ m$$

$$\frac{H_L}{D_a} = 3 \rightarrow H_L = 3D_a = 3 \cdot 0{,}51 = 1{,}53\ m$$

$$\frac{W_D}{D_t} = 0{,}1 \rightarrow W_D = 0{,}1 D_t = 0{,}1 \cdot 1{,}53 = 0{,}153\ m$$

4.5 DETERMINAÇÃO DA POTÊNCIA REQUERIDA PARA AGITAR FLUIDOS NÃO NEWTONIANOS

A determinação da potência requerida de agitação para fluidos não newtonianos apresenta uma complexidade por causa da variação da viscosidade em função da taxa de cisalhamento aplicada. Existem algumas abordagens e modelos para o cálculo da potência para estes tipos de fluidos.

Os fluidos pseudoplásticos são caracterizados por apresentarem uma redução nos valores de viscosidade a partir do aumento da tensão de cisalhamento, desta forma, quando agitados, eles se tornam menos viscosos e mais fluidos, portanto, regiões mais próximas do eixo de agitação se tornam menos viscosas e a agitação atinge áreas mais distantes do tanque.

De forma diferente, os fluidos dilatantes possuem o aumento da viscosidade a partir da aplicação de tensão de cisalhamento, o que permite a formação de regiões de alta viscosidade próximas ao eixo de agitação. A criação destas zonas aumenta a resistência ao fluxo e porções de fluido mais distantes do eixo podem não receber a agitação necessária.

Para estes tipos de fluidos, o Número de Reynolds apresenta algumas modificações, conforme mostrado na equação 43.

$$N'_{Re} = \frac{D_a^2 \cdot N^{(2-n)} \cdot \rho}{K} \qquad (43)$$

Um dos principais métodos de determinação da potência de agitação para fluidos não newtonianos foi desenvolvido por Foresti e Liu em 1959, o qual se aplica para fluidos essencialmente pseudoplásticos em regime de escoamento laminar. Neste caso, a obtenção do número de potência se dá a partir da equação 44:

$$N_{Po} = \frac{160}{\left(\frac{D_a^2 \cdot N^{(2-n)} \cdot \rho}{K}\right) \cdot \left(\frac{H_L}{H_a}\right)^n \cdot \left(\frac{D_a}{D_a+D_t}\right)} \cdot 50^{(n-1)} \qquad (44)$$

Outro método foi estudado e aperfeiçoado por Metzner e Otto em 1957, que envolve o cálculo da taxa de cisalhamento efetiva, que consiste em uma aproximação da viscosidade para fluidos newtonianos. A ideia fundamental por trás do método da taxa de cisalhamento efetiva é converter a taxa de cisalhamento real em uma taxa de cisalhamento equivalente, que corresponderia à viscosidade medida a essa taxa de cisalhamento. Isso é feito usando uma expressão que leva em consideração a variação da viscosidade do fluido em relação à taxa de cisalhamento. Ao normalizar a taxa de cisalhamento, os cálculos de potência, dimensionamento do agitador e outras análises podem ser simplificados. Desta forma, parte-se do princípio de que os valores da viscosidade passam a ser únicos ao longo do fluido e que não há variação dela em função da tensão de cisalhamento. Este método também é válido somente para escoamento em regime laminar.

Matematicamente a viscosidade efetiva pode ser calculada a partir das equações 45 e 46.

$$\mu_{ef} = K \cdot \left(\frac{dv}{dr}\right)^{n-1} \qquad (45)$$

$$\left(\frac{dv}{dr}\right) = K_s \cdot N \qquad (46)$$

O K_s consiste em uma constante empírica adimensional e está relacionada com aspectos operacionais do processo de agitação, tais como o impulsor, o número de defletores, o diâmetro do agitador, relação D_t/D_a e índice de comportamento do fluido.

Para turbinas de seis pás planas com a presença de 04 ou sem defletores e índice de comportamento do fluido entre 0,05 e 1,5 o K_s é de 11,5. Enquanto para turbinas de seis pás inclinadas a 45° é de 13. Por sua vez, se o agitador utilizado no processo for hélice marinha de três pás ou passo duplo de três pás, independentemente da quantidade de defletores e para fluidos pseudoplásticos, o K_s é de 10. Mesmo valor para os agitadores do tipo pás de duas folhas, âncora e impulsores cônicos para fluidos pseudoplásticos e dilatantes.

Exercício resolvido

Em uma indústria de processamento de geleias, faz-se necessário manter sob agitação constante suco de amora concentrado a 22 °C. Nas condições de operação, o suco possui densidade de 1.300 kg/m³ e os seguintes parâmetros reológicos: K = 30 Pa.s^n e n = 0,70. O tanque de agitação é equipado com um agitador do tipo turbina, com seis pás retas, correspondente ao tipo 1, e possui diâmetro de 25 cm e 04 defletores com largura de 12 cm. A frequência rotacional do impulsor está ajustada para 120 rpm. Considere K_s = 11,5.

Determine os parâmetros geométricos envolvidos no processo de agitação, bem como a potência necessária para a agitação aplicando os dois métodos apresentados.

Resolução:

Inicialmente, precisamos converter a frequência rotacional do impulsor para rotações por minuto (rps), fazemos isso dividindo 120 por 60: N = 2 rps. Converta as dimensões em centímetros para metro. Em seguida, devemos calcular o Número de Reynolds conforme a equação 43:

$$N'_{Re} = \frac{D_a^2 \cdot N^{(2-n)} \cdot \rho}{K} =$$

$$\frac{(0,25)^2 \cdot 2^{(2-0,70)} \cdot 1300}{30} = \frac{200,06}{30} = 6,67$$

Portanto, para um Número de Reynolds de 6,67 o fluido desempenha um escoamento laminar para a operação de agitação. Desta forma, utilizaremos a equação 44 para a determinação do Número de Potência. Contudo, precisamos antes de calcularmos o Número de Potência, determinar as variáveis faltantes na equação: H_L, H_a e D_t. Para isso, vamos aplicar as equações 38, 39 e 40:

$$\frac{D_t}{D_a} = 3 \rightarrow D_t = 3D_a = 3 \cdot 0,25 = 0,75\ m$$

$$\frac{H_a}{D_a} = 1 \rightarrow H_a = D_a = 0,25\ m$$

$$\frac{H_L}{D_a} = 3 \rightarrow H_L = 3D_a = 3 \cdot 0,25 = 0,75\ m$$

Agora, calculamos o Número de Potência:

$$N_{Po} = \frac{160}{\left(\dfrac{D_a^2 \cdot N^{(2-n)} \cdot \rho}{K}\right) \cdot \left(\dfrac{H_L}{H_a}\right)^n \cdot \left(\dfrac{D_a}{D_a + D_t}\right)} \cdot 50^{(n-1)}$$

$$N_{Po} = \frac{160}{(6{,}67) \cdot \left(\dfrac{0{,}75}{0{,}25}\right)^{0{,}7} \cdot \left(\dfrac{0{,}25}{0{,}25 + 0{,}75}\right)} \cdot 50^{(0{,}7-1)}$$

$$N_{Po} = \frac{160}{(6{,}67) \cdot (2{,}157) \cdot (0{,}25)} \cdot (3{,}23)$$

$$N_{Po} = \frac{160}{3{,}59} \cdot (3{,}23)$$

$$N_{Po} = 44{,}56 \cdot (3{,}23)$$

$$N_{Po} = 143{,}95$$

Sendo assim, o Número de Potência é 143,95. De posse deste valor, podemos aplicá-lo na equação 35.

$$N_{PO} = \frac{P}{D_a^5 \cdot N^3 \cdot \rho}$$

$$P = D_a^5 \cdot N^3 \cdot \rho \cdot N_{PO}$$

$$P = (0{,}25)^5 \cdot (2)^3 \cdot 1300 \cdot 143{,}95$$

$$P = 1.461{,}99 \, W$$

Logo, a potência necessária para realizar o processo de agitação deste fluido, nas condições estipuladas no enunciado é de 1.461,99 watts ou 1,46 kW.

Agora, vamos determinar a potência necessária a partir do método 2, que envolve a aplicação da viscosidade efetiva. Para isso, aplicaremos as equações 45 e 46 para convertemos o índice de consistência (K) em viscosidade efetiva.

$$\mu_{ef} = K \cdot \left(\frac{dv}{dr}\right)^{n-1}$$

$$\left(\frac{dv}{dr}\right) = K_s \cdot N$$

O valor de K_s é dado na questão, como sendo 11,5. Portanto, podemos aplicar na equação:

$$\left(\frac{dv}{dr}\right) = 11,5 \cdot 2 = 23$$

$$\mu_{ef} = 30 \cdot (23)^{0,7-1}$$

$$\mu_{ef} = 11,71 \, Pa.s$$

Desta forma, a viscosidade efetiva do fluido é de 11,71 Pa.s. A partir disso, podemos calcular o Número de Reynolds de modo semelhante ao que realizamos no método 1. Só que neste caso, ao invés de utilizarmos o valor de K, vamos aplicar o valor de μ_{ef}

$$N'_{Re} = \frac{D_a^2 \cdot N^{(2-n)} \cdot \rho}{\mu_{ef}} =$$

$$\frac{(0,25)^2 \cdot 2^{(2-0,70)} \cdot 1300}{11,71} = \frac{200,06}{11,71} = 17,08$$

Desta forma, o escoamento que o fluido desempenha durante este processo de agitação é o de transição, portanto, em teoria, a resolução se daria através da utilização do gráfico presente na Figura 22. Porém, através deste gráfico, podemos verificar que a eficiência na sua utilização se dá a partir de um Número de Reynolds a partir de 100, onde é possível fazer a diferenciação entre as curvas. Portanto, utilizaremos a equação 44 para obtermos o Número de Potência.

$$N_{Po} = \frac{160}{\left(\frac{D_a^2 \cdot N^{(2-n)} \cdot \rho}{K}\right) \cdot \left(\frac{H_L}{H_a}\right)^n \cdot \left(\frac{D_a}{D_a + D_t}\right)} \cdot 50^{(n-1)}$$

$$N_{Po} = \frac{160}{(17{,}08) \cdot \left(\frac{0{,}75}{0{,}25}\right)^{0{,}7} \cdot \left(\frac{0{,}25}{0{,}25 + 0{,}75}\right)} \cdot 50^{(0{,}7-1)}$$

$$N_{Po} = \frac{160}{(17{,}08) \cdot (2{,}157) \cdot (0{,}25)} \cdot (3{,}23)$$

$$N_{Po} = \frac{160}{9{,}21} \cdot (3{,}23)$$

$$N_{Po} = (17{,}37) \cdot (3{,}23)$$

$$N_{Po} = 56{,}11$$

Agora, aplicamos a equação 35:

$$N_{PO} = \frac{P}{D_a^5 \cdot N^3 \cdot \rho}$$

$$P = D_a^5 \cdot N^3 \cdot \rho \cdot N_{PO}$$

$$P = (0{,}25)^5 \cdot (2)^3 \cdot 1300 \cdot 56{,}11$$

$$P = 569{,}86\,W$$

Portanto, a potência necessária, considerando o novo valor de viscosidade é de 569,86 watts.

4.6 AMPLIAÇÃO DA ESCALA DE OPERAÇÃO DE AGITADORES

O conceito de ampliação de escala na operação de agitadores também pode ser denominado de *scaling-up* e consiste em um processo que envolve a adaptação de um sistema de agitação e mistura de um tamanho menor para um tamanho maior. Esta ferramenta é utilizada em indústrias de processamento, onde se faz necessário o aumento da produção mediante demandas, mas que, necessariamente, deve-se manter a eficiência da agitação e mistura.

Esta ampliação de escala requer algumas considerações cuidadosas de modo a garantir que o desempenho do sistema seja mantido e que os resultados sejam consistentes em uma escala maior. Antes da realização da ampliação para uma escala maior, é comum que sejam conduzidos estudos pilotos em escala menor para o entendimento do comportamento do fluido, aspectos de eficiência do agitador e características referente à mistura, o que colabora para a otimização dos parâmetros de processo.

De modo geral, o objetivo da ampliação da escala é garantir a manutenção das características do processo de agitação e a dinâmica do fluido em diferentes escalas de processo, o que envolve a relação entre a tensão de cisalhamento fornecida, velocidade de rotação e parâmetros de escoamento.

Neste ambiente, os projetos por semelhança têm se mostrado uma ferramenta útil no dimensionamento de agitadores em processo de ampliação de escala. Também conhecidos por "similitude", estes projetos são uma abordagem interessante para a ampliação de escala de agitadores em diferentes tamanhos de tanque. A técnica baseia-se no princípio de que as relações físicas, reológicas e hidrodinâmicas permanecem semelhantes quando as proporções entre a escala do agitador e do tanque são mantidas.

Sob esta condição, as semelhanças geométricas e dinâmicas são as mais utilizadas no dimensionamento de agitadores em ampliação de escala. A semelhança geométrica afirma que todas as relações geométricas devem ser mantidas de uma escala para a outra, desta forma, temos que:

$$\left(\frac{D_t}{D_a}\right)_1 = \left(\frac{D_t}{D_a}\right)_2 \qquad (47)$$

$$\left(\frac{H_a}{D_a}\right)_1 = \left(\frac{H_a}{D_a}\right)_2 \qquad (48)$$

$$\left(\frac{H_L}{D_a}\right)_1 = \left(\frac{H_L}{D_a}\right)_2 \qquad (49)$$

$$\left(\frac{W_D}{D_t}\right)_1 = \left(\frac{W_D}{D_t}\right)_2 \qquad (50)$$

Enquanto isso, a semelhança dinâmica é frequentemente aplicada para manter a relação entre as forças inerciais, viscosas e fluidodinâmicas semelhantes em diferentes escalas.

Desta forma, para fluidos agitados em regime laminar, os números adimensionais que regem a fluidodinâmica dos sistemas são os números de Reynolds e Froude, logo:

$$N_{Re(1)} = N_{Re(2)} \Rightarrow (D_a^2 \cdot N)_1 = (D_a^2 \cdot N)_2 \qquad (51)$$

$$N_{Fr(1)} = N_{Fr(2)} \qquad (52)$$

Já para fluidos em escoamento de transição ou turbulento, a fluidodinâmica depende apenas do número de Reynolds, dessa forma, pode-se estabelecer a premissa de que o número de potência também será semelhante nas duas escalas:

$$N_{Po(1)} = N_{Po(2)} \Rightarrow (N^3 \cdot D_a^2)_1 = (N^3 \cdot D_a^2)_2 \qquad (53)$$

Além disso, tem de ser possível assegurar que a potência fornecida por unidade de volume deverá ser suficiente para promover a agitação com o mesmo grau de eficiência da escala anterior. Nesse sentido pode ser calculada a igualdade de potência por unidade de volume de acordo com a equação 54:

$$\left(\frac{P_0}{V}\right)_1 = \left(\frac{P_0}{V}\right)_2 \tag{54}$$

4.7 FATORES DE CORREÇÃO APLICADOS A AGITADORES

É importante sabermos que os fatores de correção são aplicados em cálculos de agitadores para corrigir diferentes efeitos que podem afetar a operação do agitador e a mistura dos fluidos. Eles podem ser aplicados aos parâmetros de processo como a potência requerida, velocidade de rotação e dimensões do agitador para suprir variações nas condições de operação, geometria do tanque e características do fluido.

As correções devem ser aplicadas quando o sistema de agitação é diferente do apresentado na Figura 17, ou seja, apresentar configurações distintas do padrão. O primeiro fator de correção que pode ser aplicado consiste na presença de mais de um impulsor dentro do sistema de agitação, desta forma, para cada impulsor adicional, a potência deve ser multiplicada pelo número de impulsores presentes, de acordo com a equação 55:

$$f' = \sqrt{\frac{\left(\frac{D_t}{D_a}\right)_{real} \cdot \left(\frac{H_L}{D_a}\right)_{real}}{\left(\frac{D_t}{D_a}\right)_{Padrão} \cdot \left(\frac{H_L}{D_a}\right)_{Padrão}}} \tag{55}$$

Adicionalmente, em situações em que as dimensões geométricas do tanque forem diferentes das configurações da geometria padrão, deve ser aplicado um fator de correção para o cálculo do número de potência:

$$P_{0T} = P_0 \cdot n_i \tag{56}$$

Onde:

P_0 é a potência calculada para um agitador contendo um impulsor (W) e n_i é o número de impulsores.

4.8 TEMPO DE MISTURA EM AGITADORES

O tempo de mistura é um parâmetro que se caracteriza pela duração necessária para que um processo de agitação atinja um estado de mistura homogêneo e desejado, o qual pode variar de acordo com as propriedades do fluido, tipo de agitador, geometria do tanque e os objetivos do processo.

A viscosidade, densidade, reologia e outras propriedades do fluido afetam diretamente o tempo de mistura. Fluidos mais viscosos podem exigir mais tempo para atingir uma mistura completa em comparação com fluidos menos viscosos, adicionalmente, podem ser afetados pela dispersão e distribuição de componentes no fluido. Alguns componentes podem se misturar mais rapidamente do que outros, resultando em diferentes tempos de homogeneização.

O tipo de agitador utilizado pode influenciar significativamente o tempo de mistura. Agitadores com geometrias diferentes produzem padrões de fluxo distintos, o que afeta a eficácia da mistura, sendo assim, os agitadores podem ter tempos de mistura variados.

O formato e o tamanho do tanque têm um impacto direto no tempo de mistura. Tanques mais largos e rasos podem ter tempos de mistura mais curtos em comparação com tanques mais altos e estreitos. Além disso, a velocidade de rotação do agitador afeta o fluxo do fluido e a taxa de mistura. Velocidades mais elevadas podem reduzir o tempo de mistura, mas também podem criar regiões de fluxo não uniforme e favorecer a formação do vórtice. Sendo assim, é importante estabelecer uma região de velocidade limitante.

O tempo de mistura pode ser determinado para agitadores de pás planas conforme a Equação 57.

$$t_m = \frac{5,3}{N} \cdot \frac{1}{(N_{Po})^{1/3}} \cdot \left(\frac{D_a}{D_t}\right)^{-2} \qquad (57)$$

Caso o agitador seja uma turbina de Rushton, a equação 58 é válida:

$$t_m = \frac{3,8}{N} \cdot \left(\frac{D_a}{D_t}\right)^{-1,8} \cdot \left(\frac{W}{D}\right)^{-0,51} \cdot n_{pás}^{-0,47} \qquad (58)$$

Onde:

W/D é a relação entre a altura e o diâmetro das pás fornecidas no gráfico da Figura 27, enquanto $n_{pás}$ consiste no número de pás do agitador.

Exercício Resolvido

Em uma indústria química, uma reação ocorre em um tanque sob agitação. Para promover o aumento de escala necessário, foram realizados ensaios de agitação em uma escala do tipo planta-piloto onde foi utilizada uma turbina de Rushton de seis pás retas com diâmetro de 0,55 m e que apresenta relação

W/D=1/8. O tanque de agitação apresenta quatro defletores em sua estrutura. O fluido possui densidade de 1.045 kg/m³ e viscosidade de 0,0030 Pa.s. A frequência rotacional do impulsor utilizada nestes ensaios foi de 310 rpm, com um consumo de potência de 180 W. Determine os novos valores de frequência rotacional e potência do agitador, tomando por base um aumento de escala de cinco vezes nas dimensões do tanque. Considere que o tanque segue a geometria padrão.

Resolução:

O enunciado da questão explana que o aumento das dimensões do tanque é da ordem de cinco vezes, portanto, podemos utilizar as relações descritas nas equações 47 a 50 para estabelecermos as novas dimensões do tanque. Contudo, como a questão apenas informa o valor de D_a na escala menor, temos que descobrir as outras dimensões por meio das equações 38 a 41.

$$\frac{D_{t1}}{D_{a1}} = 3 \rightarrow D_{t1} = 3D_{a1} = 3 \cdot 0{,}55 = 1{,}65\ m$$

$$\frac{H_{a1}}{D_{a1}} = 1 \rightarrow H_{a1} = D_{a1} = 0{,}55\ m$$

$$\frac{H_{L1}}{D_{a1}} = 3 \rightarrow H_{L1} = 3D_{a1} = 3 \cdot 0{,}51 = 1{,}65\ m$$

$$\frac{W_{D1}}{D_{t1}} = 0{,}1 \rightarrow W_{D1} = 0{,}1 D_{t1} = 0{,}1 \cdot 1{,}53 = 0{,}165\ m$$

Agora, podemos calcular as novas dimensões a partir do aumento de escala da ordem de cinco vezes:

$$D_{a2} = D_{a1} \cdot 5 = 0{,}55 \cdot 5 = 2{,}75\, m$$
$$D_{t2} = D_{t1} \cdot 5 = 1{,}65 \cdot 5 = 8{,}25\, m$$
$$H_{a2} = H_{a1} \cdot 5 = 0{,}55 \cdot 5 = 2{,}75\, m$$
$$H_{L2} = H_{L1} \cdot 5 = 1{,}65 \cdot 5 = 8{,}25\, m$$
$$W_{D2} = W_{D1} \cdot 5 = 0{,}165 \cdot 5 = 0{,}825\, m$$

O próximo passo agora é determinarmos a velocidade rotacional a partir da equação 53:

$$N_{Po(1)} = N_{Po(2)}$$
$$(N^3 \cdot D_a^2)_1 = (N^3 \cdot D_a^2)_2$$

A frequência rotacional na escala menor (1) é fornecida no enunciado e pode ser utilizada em rpm, pois obteremos a frequência rotacional na escala maior (2), também em rpm.

$$[(310)^3 \cdot (0{,}55)^2{}_1] = [(N^3 \cdot (2{,}75)^2{}_2]$$
$$(9.011.777{,}50) = N_2^3 \cdot 7{,}56$$
$$N_2 = \sqrt[3]{\frac{9.011.777{,}50}{7{,}56}} = 106{,}03\, rpm$$

Portanto, a frequência rotacional do agitador na escala maior será de 106,03 rotações por minuto. Agora, precisamos aplicar este valor de frequência rotacional na equação para a determinação do Número de Reynolds. Atente que para satisfazermos a análise dimensional, agora, precisaremos transformar a frequência rotacional para rotações por segundo.

$$N_{Re(2)} = \frac{D_{a2}^2 \cdot N_2 \cdot \rho}{\mu} = \frac{(2,75)^2 \cdot (1,76) \cdot 1045}{0,030} = 463.631$$

Portanto, o escoamento é considerado turbulento, pois é superior a 100.000. Desta forma, a determinação do Número de Potência deverá ser realizada a partir do gráfico apresentado na Figura 26. Note que o gráfico só nos fornece valores de Reynolds até 10^5, que é o equivalente a 100.000, contudo, podemos notar que, ao entrar no escoamento turbulento, as curvas referentes aos agitadores tornam-se constantes, sendo assim, podemos utilizar o valor de referência de 10^5 no gráfico. A curva que será utilizada é a de número 3, pois se trata de uma turbina de Rushton com relação W/D = 1/8, conforme descrito no enunciado da questão.

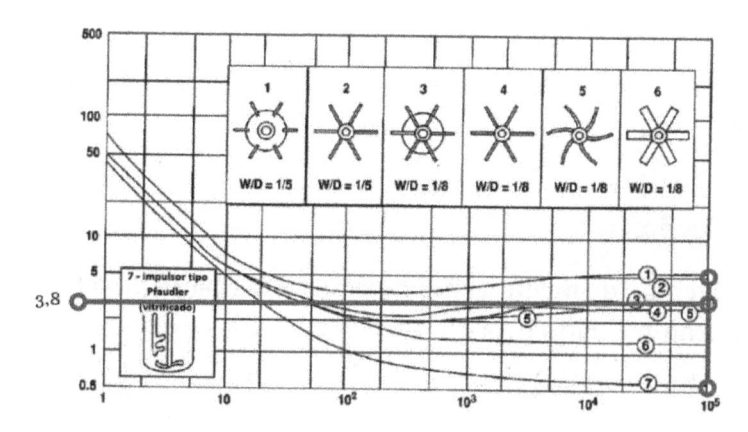

Fonte: Adaptado de Rushton *et al.*, (1950).

Desta forma, nas condições especificadas na questão, o valor do Número de Potência na escala 2 é de, aproximadamente, 3,8. De posse deste valor, podemos aplicá-lo diretamente na equação que determina o Número de Potência para que possamos encontrar a potência necessária para o agitador nesta escala maior.

$$N_{Po(2)} = \frac{P_2}{D_{a2}^5 \cdot N_2^3 \cdot \rho}$$

$$3,8 = \frac{P_2}{(2,75)^5 \cdot (1,76)^3 \cdot 1045}$$

$$P_2 = 163.720 \, W$$

Sendo assim, a potência necessária para operacionalizar a agitação nesta escala maior será de 163.720 watts ou 163,7 kW, portanto, quanto maior a escala, maior será a energia necessária para que a agitação entre em operação.

Exercício Resolvido

Com base nos dados obtidos na questão anterior, determine o tempo de mistura desta operação.

Resolução:

O tempo de mistura em processos de agitação para turbinas de Rushton é dado pela equação 58:

$$t_m = \frac{3,8}{N} \cdot \left(\frac{D_a}{D_t}\right)^{-1,8} \cdot \left(\frac{W}{D}\right)^{-0,51} \cdot n_{pás}^{-0,47}$$

Neste caso, utilizaremos as dimensões do tanque, Número de Potência e Frequência rotacional referentes à escala maior. Logo, temos que:

$$t_m = \frac{3{,}8}{1{,}76} \cdot \left(\frac{2{,}75}{8{,}25}\right)^{-1{,}8} \cdot \left(\frac{1}{8}\right)^{-0{,}51} \cdot 6^{-0{,}47}$$

$$t_m = (2{,}51) \cdot (7{,}22) \cdot (2{,}88) \cdot (0{,}43)$$

$$t_m = 22{,}44 \; segundos$$

O tempo de mistura será de 22,44 segundos.

4.9 EXERCÍCIOS DE FIXAÇÃO

1. Aponte as principais diferenças entre agitação e mistura.
2. Quais são as principais componentes de velocidade que podem ser desenvolvidas no interior de um tanque de agitação?
3. O vórtice é um problema que pode ocorrer dentro dos tanques de agitação. Discorra sobre como ele ocorre, quais os principais problemas que ocasiona e como pode ser evitado.
4. Para promover a agitação de um fluido newtoniano de propriedades conhecidas ($\mu = 0{,}30$ Pa.s; $\rho = 1.020$ kg/m^3) será utilizado um agitador do tipo turbina de Rushton de seis pás retas com relação W/D = 1/5, em um tanque com características geométricas padrão que possui quatro defletores. O diâmetro do impulsor é de 0,45 m e a frequência rotacional é de 250 rpm. Determine:

a. A potência adequada para o motor, sabendo que o conjunto do motor-sistema de transmissão apresenta eficiência de 83,20%.

b. As dimensões do tanque.

5. Uma empresa utiliza óleo lubrificante (ρ = 919 kg/m³; μ=8,5x10−2 Pa.s) como matéria-prima para um produto destinado a automóveis. É necessário agitar o material por algum tempo antes de utilizá-lo, uma vez que durante o armazenamento ele pode sofrer solidificação de algumas partículas de frações lipídicas. Para esta aplicação, recomenda-se o uso de um agitador de seis pás curvas operando a uma frequência rotacional de 150 rpm. Deseja-se projetar um tanque de agitação encamisado com capacidade para 2.000 litros de óleo e que deverá ser construído de acordo com as configurações geométricas padrão. Dimensione o tanque e determine a potência de agitação necessária. Considere a relação geométrica $V = \frac{\pi}{4} . D_t^2 . H_L$ válida.

6. Em uma indústria de processamento de geleias, suco concentrado de laranja é mantido sob agitação a 25 °C. Nestas condições, o suco apresenta densidade de 1.120 kg/m³, K = 12,4 Pa.s^n e n = 0,80. O tanque de agitação é equipado com um agitador do tipo turbina de seis pás retas com relação W/D = 1/8, com diâmetro de 0,30 m e quatro defletores de 0,1 m. A frequência rotacional do impulsor é de 175 rpm. Determine:

a. As dimensões do tanque.

b. A potência necessária de agitação aplicando os dois métodos para fluidos pseudoplásticos.

7. Em um determinado sistema de agitação de uma mistura para a formulação de sabão líquido (densidade = 1.090 kg/m³ e viscosidade de 0,0070 Pa.s) é realizado em um laboratório de controle de qualidade industrial através de um tanque com quatro defletores e um agitador de seis pás retas com relação W/D = 1/5. O volume do tanque é de 40 litros e opera a uma velocidade rotacional de 500 rpm, seguindo as configurações padrão. A potência consumida foi de 24 W. Determine a potência e os parâmetros geométricos do tanque na escala industrial, considerando que o volume é de 200 litros.

4.10 BIBLIOGRAFIA RECOMENDADA

CULLEN, P. J. *Food Mixing: Principles and Applications.* 1st edition. New York: John Wiley and Sons, 2009. 390 p.

CULLEN, P. J.; BALAKIS, S.; SULLIVAN, C. Advances in control of food mixing operations. *Current Opinion in Food Science*, 2017. 17, 89-93 p.

GIJÓN-ARREORTÚA, I.; TECANTE, A. Mixing time and power consumption during blending of cohesive food powders with a horizontal helical double-ribbon impeller. *Journal of Food Engineering*, 2015. 149, 144-152 p.

LINCE (2023). Medição em Tanque de Agitação e Mistura para Iogurte. Disponível em: <https://instrumentos-lince.com.br/aplicacao/tanque-de-agitacao-e-mistura-para-iogurte/>. Acesso em: 16 ago. 2023.

RUSHTON, J. H.; COSTICH, E. W.; EVERETT, H. J. *Power characteristics of mixing impellers.* Chemical Engineering Properties, 1950. 46(8), 395-404 p.

XIA, B.; SUN, D. W. Applications of computational fluid dynamics (CF) in the food industry: a review. *Computers ans Electronics in Agriculture*, 2002. 34, 5-24 p.

CAPÍTULO 5
FILTRAÇÃO

A filtração é um dos pilares muitas vezes subestimados da indústria, mas desempenha um papel crucial na garantia da qualidade, segurança e eficiência dos produtos industriais. Neste capítulo, exploraremos a importância da filtração, seus processos, tecnologias e impactos na indústria moderna.

Imagine a produção de bebidas, por exemplo. A filtração age nos bastidores, removendo impurezas, partículas e microrganismos, garantindo que cada gole seja não apenas saboroso, mas seguro para consumo. Discutiremos o funcionamento de várias tecnologias de filtração, elencando seus principais aspectos e dimensionamento.

INTRODUÇÃO

A separação de partículas sólidas e líquidas de um fluido consiste em uma necessidade fundamental em diversos processos industriais, abrangendo várias indústrias como química, petroquímica, alimentos, farmacêutica, mineração dentre outras. A separação pode ser realizada com base em distintos critérios, incluindo a composição das partículas, densidade dos fluidos e o tamanho das partículas. Diferentes tamanhos de partículas podem afetar a qualidade e a eficiência dos produtos. A filtração, sedimentação, centrifugação e o peneiramento são técnicas comuns usadas para separar partículas sólidas em diferentes faixas de tamanho.

A filtração é uma operação unitária de separação importante tanto na indústria de alimentos quanto na indústria química, garantindo a qualidade de produtos, separando sólidos de líquidos e removendo diversas impurezas indesejadas. Por definição, ela é utilizada quando se deseja separar partículas sólidas de um fluido através de um meio filtrante. A separação ocorre mediante um diferencial de pressão.

O objetivo da filtração é promover a separação de uma mistura heterogênea contendo, pelo menos, um sólido e um líquido, fazendo com que o sólido fique retido em um meio poroso com determinado tamanho de partícula e o líquido passe através desse meio.

A filtração é amplamente utilizada na indústria farmacêutica, de alimentos e bebidas para remover microrganismos indesejados, como bactérias, vírus e outros patógenos. Filtros de membrana com poros microscópicos podem reter microrganismos, garantindo a esterilidade de líquidos como medicamentos injetáveis, soluções parenterais e produtos farmacêuticos. Na indústria de bebidas alcoólicas, como a produção de cerveja e vinho, a filtração é usada para remover leveduras após a fermentação. Isso ajuda a clarificar o produto e a melhorar sua estabilidade ao longo do período de armazenamento.

A filtração pode ser usada para remover coloides indesejados, resultando em líquidos mais claros e transparentes e aplicada na remoção de partículas sólidas em suspensão em líquidos, o que é essencialmente importante em processos industriais que envolvem líquidos particulados, como processos de mineração, tratamento de água e de efluentes. Esta operação é frequentemente usada em indústrias onde a clarificação e a purificação do líquido são essenciais para a produção de produtos de alta qualidade. Por exemplo, na indústria de alimentos, isso poderia ser usado para produzir sucos clarificados, caldos ou extratos líquidos.

A Figura 23 apresenta um esquema simplificado de um filtro.

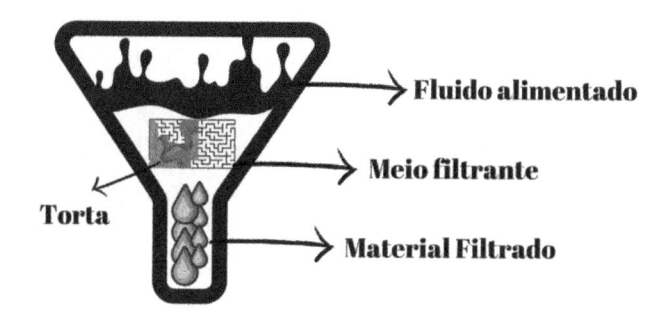

Figura 23. Esquema simplificado de um filtro.

Fluido alimentado
Meio filtrante
Torta
Material Filtrado

Fonte: Autor (2023).

O fluido alimentado, também denominado como suspensão ou alimentação, consiste no líquido que apresenta partículas sólidas ou impurezas em sua composição que precisam ser separadas por meio da filtração. Este fluido é colocado dentro do sistema de filtração para que as partículas indesejadas fiquem retidas no meio filtrante.

Por sua vez, o meio filtrante é o material poroso que tem como função atuar como barreira para a retenção das partículas sólidas presentes no fluido. Ele pode ser uma membrana, um tecido, leito de partículas granulares ou qualquer estrutura permeável que permita a passagem do fluido filtrado enquanto promove a retenção de partículas sólidas em sua superfície. Existem diversos tipos de materiais que são utilizados como meios filtrantes, tais como polímeros, cerâmicas, areia, carvão ativado etc. A seleção do tipo de filtro e do meio filtrante depende das propriedades das partículas a serem removidas, das características do fluido e das especificações do processo.

Já o material filtrado pode ser denominado de efluente ou filtrado e consiste no resultado da passagem do fluido alimentado através do meio filtrante. Após o processo de filtração, as partículas sólidas são retiradas pelo meio filtrante, enquanto o líquido filtrado livre de impurezas passa pelo filtro. O material filtrado é, geralmente, o produto desejado em processos de filtração.

A torta de filtração refere-se ao material sólido que se acumula na superfície do meio filtrante durante o processo de filtração. É formada a partir da retenção de sólidos ou impurezas presentes no fluido alimentado à medida que o líquido passa pelo meio filtrante. A formação da torta de filtração é uma parte intrínseca do processo de filtração e pode ocorrer em vários tipos de sistemas de filtração, incluindo filtros prensa, filtros de tambor rotativo, filtros de leito profundo e outros. Essa torta contém uma concentração muito alta de sólidos, uma vez que é composta pelas partículas que foram retiradas do líquido original. Dependendo do processo e do meio filtrante usado, essa torta pode variar em termos de espessura, composição e características.

5.1 FUNDAMENTOS DA FILTRAÇÃO

Neste sentido, a filtração fundamenta-se em conceitos da fluidodinâmica de partículas, a qual é uma área da mecânica dos fluidos que se concentra no comportamento e movimento das partículas em um fluxo de fluido. Esses conceitos são essenciais para entender como as partículas são retidas ou separadas durante o processo de filtração.

Em fluidodinâmica, o movimento de fluidos de uma região para outra requer uma força motriz, como diferença de pressão, gradientes de velocidade ou outras forças externas. O diferencial de pressão nas porções antes e depois do meio filtrante consiste na força motriz deste processo.

O movimento da matéria é proporcional à força motriz, desta forma, quanto maior o gradiente de pressão gerado, maior será o volume de líquido filtrado. Sendo assim, a taxa de filtração é dada por:

$$Taxa\ de\ Filtração = \frac{Força\ Motriz}{Resistência\ ao\ transporte} \quad (59)$$

Em processos de filtração, várias resistências podem se opor ao fluxo de fluido e às partículas através do meio filtrante. Essas resistências desempenham um papel importante na determinação da eficiência do processo de filtração e na taxa na qual as partículas são separadas do fluido.

As principais resistências estão relacionadas ao meio filtrante e da torta. A própria estrutura do meio filtrante apresenta resistência ao fluxo do fluido, os poros do meio filtrante determinam a taxa do fluxo permitida e a capacidade de retenção das partículas. Além disso, a tortuosidade, que consiste na complexidade do caminho que os fluidos e as partículas devem seguir através do meio filtrante também afeta a resistência ao fluxo.

5.2 FORMAÇÃO DA TORTA DE FILTRAÇÃO

À medida que as partículas se acumulam na superfície do meio filtrante, elas formam um bolo de filtração ou torta. Essa torta cria uma barreira adicional ao fluxo de fluido, uma vez que as partículas podem se aglomerar e obstruir os poros do meio filtrante. Quanto mais espesso o bolo de filtração, maior será a resistência ao fluxo. Além disso, o tipo de torta formada pode aumentar ou reduzir a resistência ao fluxo.

A Figura 24 apresenta dois tipos de tortas que podem ser formadas na superfície do meio filtrante.

Figura 24. Diferentes tipos de torta que podem ser formadas durante a filtração.

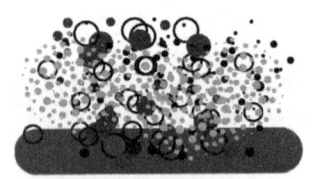

Torta Grosseira
(Tamanho de partícula maior)

Torta Refinadas
(Tamanho de partícula menor)

Fonte: Autor (2023).

Do ponto de vista de eficiência de processo, a formação de tortas com tamanhos de partículas maiores permite uma melhor mobilidade das moléculas de líquido em contornar a torta e acessar o meio filtrante. Quando partículas maiores são retidas pelo meio filtrante, elas têm maior probabilidade de se acumular na superfície do meio, formando uma torta mais espessa, contudo, com espaços intermoleculares maiores. Contudo, se a torta ficar espessa muito rápida, pode ser necessário interromper o processo de filtração, remover a torta manualmente, realizar a lavagem do filtro e acionar o processo novamente.

As partículas pequenas podem penetrar mais profundamente no meio filtrante antes de se acumularem na superfície, resultando em uma torta menos densa e uniformemente distribuída no começo da filtração. Porém, devido ao seu tamanho reduzido, a obstrução dos poros ocorre por causa do menor espaço intermolecular provocado pelas partículas, formando uma torta mais compacta e densa quando comparada a torta de partículas maiores, reduzindo a permeabilidade do meio filtrante e como consequência, reduzindo a taxa de filtração.

5.3 PERDA DE CARGA EM PROCESSOS DE FILTRAÇÃO

A perda de carga em processos de filtração refere-se à diminuição da pressão do fluido à medida que ele passa pelo meio filtrante. Essa perda de pressão é causada pelas resistências que o fluido encontra ao passar pelos poros do meio filtrante, pelo bolo de filtração formado e por outras obstruções ao fluxo. A perda de carga é uma consideração importante em projetos de sistemas de filtração, pois afeta a eficiência da operação e a seleção adequada de equipamentos. Ela é influenciada pelo tamanho das partículas, espessura da torta de filtração, viscosidade do fluido, taxa de fluxo, porosidade do meio filtrante e diferença de pressão.

A perda de carga referente à torta é determinada a partir da equação de Carman-Kozeny que estima, empiricamente, a perda de carga em meios porosos como meios filtrantes, leitos de partículas, meios granulares e outros sistemas onde um fluido passa por partículas sólidas. A equação 60 leva em consideração vários parâmetros como a porosidade e a espessura da torta, área superficial da partícula e a velocidade de escoamento. Ela pode ser apresentada de algumas formas dependendo do filtro utilizado, e condições de processo. Nós utilizaremos a equação que representa o movimento de partículas que se depositam de forma aleatória durante a formação da torta e que possuem características de serem incompressíveis, ou seja, seu tamanho e forma não mudam em função da pressão exercida.

$$\frac{(-\Delta P_t)}{e_t} = \frac{K'' \cdot \mu \cdot a_s^2 \cdot v \cdot (1-\varepsilon)^2}{\varepsilon^3} \quad (60)$$

Onde:

ΔP_t é a queda de pressão na torta (Pa), e_t consiste na espessura da torta formada (m), a_s é a área superficial da partícula por unidade de volume (m²/m³), μ a viscosidade do filtrado (Pa.s), v consiste na velocidade do escoamento do fluido dentro do filtro (m/s), ε a porosidade da torta formada (adimensional) e K" é a constante de Kozeny (adimensional).

Geralmente, os dados obtidos de um sistema de filtração podem ser o volume de filtrado (L) em função do tempo ou a massa de torta seca (kg) em função do tempo. Quando os dados obtidos forem massa de torta seca, o dimensionamento do processo de filtração deve ser feito por balanço de massa, o que resulta na seguinte equação:

$$C_t = \frac{\rho \cdot \left(\frac{m_s}{m_L}\right)}{\left(1 - \frac{m_u}{m_s} \cdot \frac{m_s}{m_L}\right)} \tag{61}$$

Onde:

C_t é considerada a massa de sólidos secos na torta por unidade de volume de filtrado (kg/m³), enquanto m_s representa a massa de torta seca (kg), m_L a massa da suspensão (kg) e m_u a massa de torta úmida (kg).

A partir da determinação de C_t podemos correlacioná-lo com o volume de filtrado através da equação 62:

$$V = \frac{m_s}{c_t} \tag{62}$$

A fração mássica de sólidos em uma suspensão é a proporção da massa das partículas sólidas em relação à massa total da suspensão. Essa fração é um indicador da concentração de partículas sólidas na suspensão.

É importante que você saiba que no cálculo de C_t temos a relação entre a massa de torta seca e a massa da suspensão (m_s/m_L), que consiste na fração mássica de sólidos na suspensão, ou seja, a proporção de massa das partículas sólidas em relação à massa total da suspensão, e consiste em um indicador da concentração de partículas sólidas presentes na suspensão. Por outro lado, a relação entre a massa úmida e seca da torta (m_u/m_s) é uma medida que expressa a quantidade de água presente na torta.

Outro aspecto importante relacionado à torta é sua resistência específica, pois se relaciona com a perda de carga ocasionada pela formação e acumulação da torta sobre o meio filtrante. Como você pôde observar na Figura 28, diferentes tipos de torta podem ser formados ao longo de um processo de filtração, sendo assim, a resistência específica da torta mede o quão efetivamente as partículas sólidas presentes nela impedem o escoamento do fluido através do meio filtrante, desta forma, podemos avaliar a intensidade da dificuldade da passagem do fluido pela torta. A modelagem matemática deste fenômeno é representada pela equação 63.

$$X = \frac{K'' \cdot a_S^2 \cdot (1-\varepsilon)}{\rho \cdot \varepsilon^3} \tag{63}$$

Onde:

X é a resistência específica da torta formada durante o processo de filtração (m/kg).

Para entendermos completamente este fenômeno devemos entender que quanto maior o valor de X, maior será a resistência da torta, e, por consequência, maior será a perda de carga, pois o fluido terá mais dificuldade em vencer a resistência da torta e chegar ao meio filtrante.

Ela é influenciada por fatores como o tamanho das partículas retidas, espessura da torta, porosidade do meio filtrante e viscosidade do fluido. Sendo assim, uma torta mais densa e compacta tende a ter uma resistência específica maior, pois ela obstrui de modo mais efetivo o escoamento do fluido através do meio filtrante.

Além da perda de carga por causa da torta, devemos considerar a perda de carga em processos de filtração relacionada ao meio filtrante, pois consiste em um parâmetro crítico que deve ser considerado no projeto e na operação de sistemas de filtração. A perda de carga no meio filtrante é a diminuição da pressão do fluido à medida que ele passa pelos poros do meio, devido à resistência oferecida pelas partículas sólidas retidas e pelo próprio meio filtrante. Essa perda de pressão afeta a eficiência do processo de filtração e a taxa de fluxo do fluido. Desta forma, parâmetros como porosidade e tortuosidade do meio filtrante afetam diretamente a perda de carga durante o processo. Por exemplo, poros menores apresentam maior resistência ao fluxo, o que ocasiona maior perda de carga. Meios filtrantes com poros uniformes e bem distribuídos ao longo da área de filtração podem proporcionar uma perda de carga mais previsível, enquanto meios filtrantes com elevada capacidade de retenção de partículas (poros muito pequenos) podem formar tortas mais densas e provocar maior perda de carga.

Matematicamente, a perda de carga por conta do meio filtrante é dependente da taxa de filtração, da resistência do meio filtrante, da área de filtração e da viscosidade do fluido, conforme demonstrado na equação 64.

$$(-\Delta P_m) = \frac{R_m \cdot \mu}{A} \cdot \frac{dV}{dt} \qquad (64)$$

Onde:

R_m é considerada a resistência específica relacionada ao meio filtrante (1/m), $\frac{dV}{dt}$ é a taxa de filtração (m³/h) e A a área do meio filtrante (m²).

5.4 PROCESSO DE FILTRAÇÃO EM QUEDA DE PRESSÃO CONSTANTE

Em todo e qualquer processo de filtração haverá queda de pressão ao longo do processo. O fluido entra a uma pressão maior para dentro do filtro e, por conta das resistências da torta e do meio filtrante, essa pressão vai diminuindo durante a operação da filtração, por isso, a queda de pressão se dá da seguinte forma:

$$(-\Delta P) = (-\Delta P_t) + (-\Delta P_m) = \mu \cdot v \left(\frac{x \cdot V \cdot c_t}{A} + R_m \right) \quad (65)$$

Após alguns rearranjos matemáticos a partir da equação acima, aplicando-a em processos de filtração com queda de pressão constante e deduzindo equações a partir de dados experimentais, podem ser obtidos dois importantes parâmetros de processo: $K_{\Delta P}$ e $1/Q_0$.

Estes parâmetros são utilizados para caracterizar o comportamento de um sistema de filtração sob pressão constante, onde $1/Q_0$ representa a taxa de fluxo inicial e $K_{\Delta P}$ consiste na variação de pressão através do meio filtrante e são utilizados para modelar e analisar o desempenho da operação de filtração por meio da comparação de diferentes meios filtrantes ou condições operacionais.

Especificamente, $1/Q_0$ representa o tempo necessário para que a taxa de fluxo inicial diminua para um valor próximo de zero, sendo assim, quanto maior o valor de $1/Q_0$, mais rápido a taxa de fluxo será reduzida em função do tempo de operação, o que indica uma maior tendência de entupimento do meio filtrante ou uma formação rápida da torta de filtração. Logo, este parâmetro é comumente aplicado para a mensuração da eficiência da filtração inicial e a capacidade do meio filtrante em reter partículas.

Já $K_{\Delta P}$ é uma forma de expressar a perda de carga ocasionada pelo meio filtrante, ele consiste em um coeficiente de proporcionalidade que permite relacionar a perda de carga com outras características do sistema. Consequentemente, quanto maior o valor de $K_{\Delta P}$, maior será a resistência ao escoamento do fluido através do meio filtrante e é utilizado para avaliar a obstrução do meio filtrante e a eficiência da operação de filtração.

O uso destes parâmetros permite que possamos realizar a comparação entre diferentes sistemas de filtração com diferentes meios filtrantes, colaborando para a seleção da configuração que mais se adequa a determinado tipo de processo. Eles auxiliam na identificação das condições de operação ideais e o monitoramento deles pode indicar a necessidade de limpeza, troca do meio filtrante ou ajustes nas condições de operação de modo que se mantenha o desempenho desejado.

Matematicamente, eles podem ser definidos como:

$$K_{\Delta P} = \frac{x \cdot c_t \cdot \mu}{A^2 \cdot (-\Delta P)} \tag{66}$$

$$\frac{1}{Q_0} = \frac{R_m \cdot \mu}{A \cdot (-\Delta P)} \tag{67}$$

Contudo, o modo mais comum para a obtenção destes parâmetros é através da elaboração dos gráficos de filtração (tempo *vs* volume de filtrado ou tempo *vs* massa de torta seca), conforme você poderá acompanhar nos exercícios a seguir.

Exercício Resolvido

Uma indústria de processamento de suco de fruta está realizando um processo de filtração para remover partículas sólidas e sedimentos do suco de modo a produzir um suco clarificado. O suco de fruta tem uma densidade de 1.030 kg/m³ e uma viscosidade de 0,001 Pa.s. A área de filtração é de 0,082 m² e a operação se dá em queda de pressão constante de 300 kPa. O volume de filtrado foi coletado em determinado período conforme os dados apresentados na tabela 7. Desta forma, calcule os parâmetros $K_{\Delta P}$ e $1/Q_0$.

Tabela 7. Volume de suco filtrado em função do tempo de operação.

Tempo (min)	Volume filtrado (L)
12	1,40
19	1,62
24	1,75
30	1,84
39	1,99
48	2,20

Resolução:

A resolução deste tipo problema inicia-se com o cálculo da divisão entre o tempo e o volume de filtrado, em seguida, necessitamos traçar um gráfico de t/v por V, obter a equação da reta e, por consequência, obter os parâmetros solicitados.

Desta forma, temos que:

Gráfico 3. t/v *vs* V.

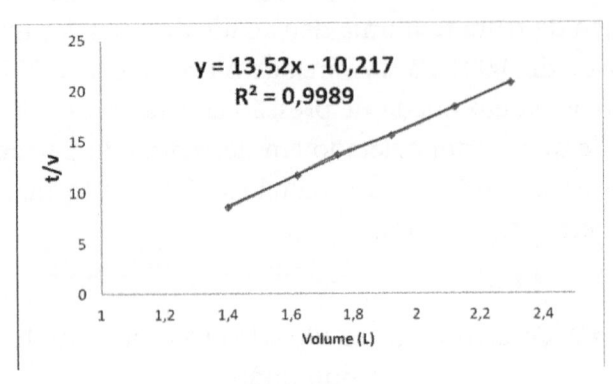

$$y = 13{,}52x - 10{,}217$$
$$R^2 = 0{,}9989$$

Fonte: Autor (2023).

A partir do gráfico t/V *vs* V gerado, foi possível obter a equação t/v = 13,520 V - 10,217 com um coeficiente de determinação (R^2) de 0,9989. Essa informação é útil, pois demonstra o alto ajuste do modelo matemático gerado aos dados experimentais obtidos, desta forma, o modelo gerado explica 99,89% dos dados experimentais.

De posse desta equação, temos que o coeficiente angular, aquele atrelado a V (ou "x") é $\frac{K_{\Delta P}}{2}$, enquanto o coeficiente linear é $1/Q_0$. Portanto:

$$\frac{K_{\Delta P}}{2} = 13{,}520 \rightarrow K_{\Delta P} = 13{,}520 \cdot 2 = 27{,}04\, min/L^2$$

$$\frac{1}{Q_0} = 20{,}217\, min/L$$

Exercício resolvido

Uma indústria química está realizando um processo de filtração para separar uma suspensão química em um meio filtrante, que possui densidade de 998 kg/m³. A área de filtração utilizada é de 0,044 m². A suspensão possui as seguintes características: fração de sólidos na suspensão = 0,17 e relação da massa da torta úmida e seca = 1,9. Durante o processo de filtração, a massa de torta seca formada é medida em diferentes intervalos de tempo, resultando nos seguintes dados:

Tabela 8. Volume de suco filtrado em função do tempo de operação.

Tempo (segundos)	Massa de torta seca (g)
10	0,20
16	0,29
20	0,34
28	0,45
34	0,52
42	0,62

Calcule o volume de filtrado após 3 minutos.

Resolução:

Neste caso a resolução é um pouco mais complexa, pois precisaremos determinar C_t a partir da equação 61 e V a partir da equação 62. Após estes procedimentos, calcularemos t/V e faremos o gráfico t/V em função de V e encontraremos $K_{\Delta P}$ e $1/Q_0$. Posteriormente, aplicaremos os tempos de operação na equação e obteremos o volume após 3, 7 e 10 minutos.

Desta forma, temos que:

$$c_t = \frac{\rho \cdot \left(\frac{m_s}{m_L}\right)}{\left(1 - \frac{m_u}{m_s} \cdot \frac{m_s}{m_L}\right)} = \frac{998 \cdot (0{,}17)}{(1 - [1{,}9 \cdot 0{,}17])} =$$

$$\frac{169{,}66}{0{,}677} = 250{,}60 \, kg/m^3$$

A partir deste ponto, iremos calcular o volume de filtrado para cada tempo de filtração, utilizando a equação abaixo e por meio dos dados fornecidos na tabela:

$$V = \frac{m_s}{c_t}$$

$$V_1 = \frac{0{,}20}{250{,}60} = 7{,}98 \times 10^{-4} \, m^3; \, V_2 = \frac{0{,}29}{250{,}60} = 0{,}00115 \, m^3;$$

$$V_3 = \frac{0{,}34}{250{,}60} = 0{,}00135 \, m^3; \, V_4 = \frac{0{,}45}{250{,}60} = 0{,}00179 \, m^3;$$

$$V_5 = \frac{0{,}52}{250{,}60} = 0{,}00207 \, m^3; \, V_6 = \frac{0{,}62}{250{,}60} = 0{,}00247 \, m^3;$$

Após a confecção do gráfico t/V *vs* V, temos que:

Gráfico 4. t/v vs V.

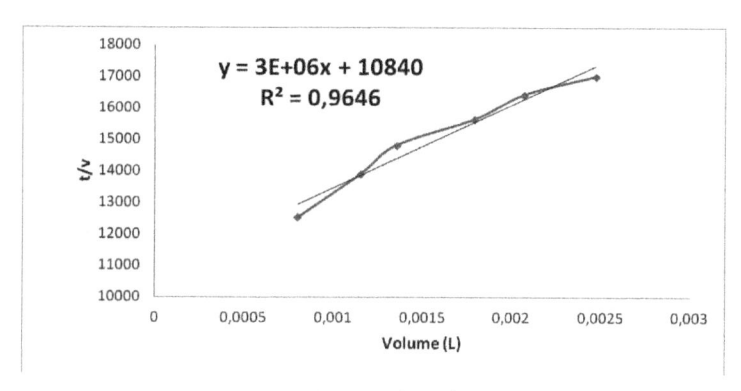

```
y = 3E+06x + 10840
R² = 0,9646
```

Fonte: Autor (2023).

A partir do gráfico t/V *vs* V gerado, foi possível obter a equação t/v = 3x10⁶ V + 10.840 com um coeficiente de determinação (R^2) de 0,9646. Essa informação é útil, pois demonstra o alto ajuste do modelo matemático gerado aos dados experimentais obtidos, desta forma, o modelo gerado explica 96,46% dos dados experimentais.

De posse desta equação, temos que o coeficiente angular, aquele atrelado a V (ou "x") é $\frac{K_{\Delta P}}{2}$, enquanto o coeficiente linear é $1/Q_0$. Portanto:

$$\frac{K_{\Delta P}}{2} = 3x10^6 \rightarrow K_{\Delta P} = 3x10^6 \cdot 2 = 6x10^6 \; min/L^2$$

$$\frac{1}{Q_0} = 10.840 \; min/L$$

A partir deste momento, precisamos determinar qual o volume de filtrado nos tempos de 3, 7 e 10 minutos de operação, para isto, voltaremos para a equação do gráfico:

$$\frac{t}{V} = 3x10^6 \cdot V + 10.840$$

Vamos passar a variável V que está dividindo o tempo como multiplicador do outro lado da equação:

$$t = 3x10^6 \cdot V^2 + 10.840\, V$$

Igualando a equação a zero, temos que:

$$0 = 3x10^6 \cdot V^2 + 10.840\, V - t$$

Desta forma, caracteriza-se por uma equação do segundo grau e a sua resolução se dará por Bháskara, que você aprendeu lá no ensino fundamental!

Portanto, aplicando t = 3 minutos (180 segundos), temos:

$$3x10^6 \cdot V^2 + 10.840\, V - 180$$

Onde:

$a = 3x10^6$; b = $10 \cdot 840$; c = -180

Aplicando Bháskara:

$$\Delta = b^2 - 4 \cdot a \cdot c$$

$$\Delta = (10.840)^2 - 4 \cdot 3x10^6 \cdot (-120)$$

$$\Delta = 117.505.600 + 1.440.000.000$$

$$\Delta = 1.557.505.600$$

$$\sqrt{\Delta} = 39.465,24$$

O volume de material filtrado se dará pela raiz positiva obtida a partir da equação de Bháskara:

$$x' = \frac{-b + \sqrt{\Delta}}{2a} = \frac{-10.840 + 39.465{,}24}{2 \cdot 3x10^6} = \frac{28.625{,}24}{6.000.000} = 0{,}00477 \; m^3$$

$$x'' = \frac{-b - \sqrt{\Delta}}{2a} = \frac{-10.840 - 39.465{,}24}{2 \cdot 3x10^6} = \frac{-50.305{,}24}{6.000.000} = -0{,}00838 \; m^3$$

Como não existe volume negativo, consideramos o valor de x', portanto, após 3 minutos, o volume de filtrado será 0,0047 m³.

Caso haja a necessidade de calcular outros tempos de filtração, é só substituir o valor de tempo na equação do segundo grau e realizar a mesma sequência de cálculos.

5.5 EXERCÍCIOS DE FIXAÇÃO

1. Quais são os princípios fundamentais da filtração e como eles se aplicam à separação de partículas sólidas e líquidos na indústria de alimentos e química?

2. Como a seleção do meio filtrante afeta o desempenho da filtração na indústria de alimentos e química? Quais são os principais critérios a serem considerados ao escolher um meio filtrante?

3. Quais são os fatores que afetam a eficiência da filtração? Como esses fatores podem ser otimizados para melhorar o processo de filtração?

4. O que é a formação da torta de filtração e qual é o seu papel fundamental no processo de filtração?

5. Como o tipo da torta formada pode influenciar o processo de filtração?

6. O que são as variáveis de processo $K_{\Delta P}$ e $1/Q_0$ e como elas podem influenciar o processo de filtração?

7. Em um processo de filtração semi-industrial, um filtro do tipo prensa apresenta área de filtração de 0,250 m² e é operado sob condições de pressão constante de 400 kPa. O volume do filtrado foi coletado e os dados estão apresentados na tabela abaixo. Com base nas informações fornecidas, determine as variáveis do processo de filtração $K_{\Delta P}$ e $1/Q_0$.

Tabela 9. Dados coletados durante o processo de filtração.

Tempo (segundos)	Volume (L)
30	5,21
60	6,44
90	7,59
120	8,77
150	9,84
180	10,18
210	11,39
240	12,44
270	13,70
300	14,85
330	15,18
360	16,22

8. Um filtro do tipo prensa que possui dimensões de 15x15 cm e 12 quadros é usado para promover a filtração de carbonato de cálcio. A filtração é realizada em temperatura ambiente e opera sob condições de pressão constante de 280 kPa. O volume do filtrado foi coletado e os dados são apresentados na tabela abaixo. Determine as variáveis do processo de filtração K_Δ e $1/Q_0$.

Tabela 10. Dados coletados durante o processo de filtração.

Tempo (segundos)	Volume (L)
0,04	0,2
0,08	0,5
0,126	0,8
0,189	1,1
0,259	1,4
0,346	1,7
0,449	2,0
0,558	2,3
0,689	2,6
0,817	2,9
0,969	3,1
1,15	3,4
1,30	3,7
1,49	4,0

9. Durante o processo de filtração de suco de caju, ensaios experimentais foram realizados e os resultados apresentados na tabela abaixo. O suco de caju apresenta as seguintes características: relação massa de torta úmida e seca = 2,0; Fração mássica de sólidos na suspensão = 0,19. A densidade do filtro é de 992 kg/m³. Qual será o volume de suco filtrado após 2, 5 e 10 minutos de operação?

Tabela 11. Dados coletados durante o processo de filtração.

Tempo (segundos)	Massa de torta seca (kg)
10	1,22
20	1,32
30	1,47
40	1,59
50	1,71
60	1,84
70	1,96
80	2,05
90	2,23
100	2,31

5.6 BIBLIOGRAFIA RECOMENDADA

CASTRO-MUÑOZ, R.; FILA, V.; BARRAGÁN-HUERTA, B.; YÁÑEZ-FERNÁNDEZ, J. Processing of Xoconostle Fruit (*Opuntia joconostle*) juice for improving its commercialization using membrane filtration. *Journal of Food Processing and Preservation*, 2017. 42, 133-138 p.

FELLOWS, P. J. *Food Processing Technology – Principles and Practice*. 5. ed. Cambridge: Woodhead Publishing, 2022. 770 p.

MATTERSON, M.; ORR, C. *Filtration – Principles and Practices*. 2. ed. Nova York: Marcel Dekker, 2017. 725 p.

POULIOT, Y.; CONWAY, V.; LECLERC, P. L. Separation and concentration technologies in food processing. In: Clark, S., Jung, S., Lamsal, B., (Eds.). *Food Processing: Principles and applications*. 2. ed. Lancaster: Wiley, 175 p.

SMITH, P. G. *Introduction to Food Process Engineering*. 1. ed. Boca Raton: Springerlink, 2011. 27 p.

SUTHERLAND, K. S.; CHASE, G. *Filters and filtration handbook*. 5. ed. Amsterdam: Elsevier, 2008. 512 p.

CAPÍTULO 6
SEDIMENTAÇÃO

Neste capítulo, exploraremos a sedimentação, um processo fundamental na indústria, que desempenha um papel crucial na separação de partículas sólidas de líquidos. Embora possa parecer simples, a sedimentação é um processo complexo com amplas aplicações e importância na garantia de produtos de qualidade.

Imagine uma instalação de tratamento de água, onde a sedimentação é usada para remover partículas sólidas, tornando a água segura para consumo. Ao longo deste capítulo, vamos analisar a ciência por trás desse processo, explorando como as partículas sedimentam e como isso afeta a qualidade do produto final.

INTRODUÇÃO

A sedimentação é um fenômeno de ocorrência natural e pode ser observado em diferentes situações, desde processos industriais até fenômenos geológicos e ambientais. Neste caso, a partícula está sujeita a ação das forças da gravidade, empuxo e resistência ao movimento.

Dependendo do produto de interesse, a sedimentação pode ser chamada de clarificação, quando o objetivo do processo é a produção de um líquido com baixo ou com nenhum teor de sólidos. Por outro lado, quando o produto de interesse é a lama (similar a torta na operação de filtração) a operação de sedimentação pode ser denominada de espessamento ou adensamento.

Na indústria de alimentos, a sedimentação é aplicada na separação de partículas sólidas de um líquido, como no processo de clarificação de sucos e xaropes. Em linhas de tratamento de água e efluentes, esta operação consiste em uma etapa inicial, onde as partículas mais grosseiras se depositam antes de outros processos de purificação. Na indústria química e farmacêutica a sedimentação é utilizada na separação de líquidos e sólidos em processos de purificação e concentração.

6.1 PRINCÍPIO DA SEDIMENTAÇÃO

A sedimentação também é uma operação unitária de separação mecânica que se fundamenta na diferença entre as densidades das partículas sólidas e líquidas presentes em uma determinada solução. As partículas sólidas suspensas em um fluido se depositam de forma gradual devido à ação da gravidade, que é a força motriz desta operação. Partículas mais densas tendem a sedimentar de modo mais rápido do que partículas menores. No entanto, a taxa de sedimentação é influenciada por diferentes fatores, incluindo as densidades das partículas e do fluido, tamanho, forma e agrupamento das partículas, além da viscosidade do fluido. A sedimentação inicia-se quando um fluido contendo partículas sólidas é deixado em repouso, assim, a ação da gravidade fará com que as partículas maiores e mais pesadas iniciem um movimento em direção ao fundo do tanque de sedimentação e inicia-se a criação de diferentes zonas de sedimentação: zona de líquido clarificado (A), zona de concentração variável (B), zona de transição (C) e zona de sólidos grosseiros (D), conforme mostrado na Figura 25.

Figura 25. Diferentes zonas de sedimentação formadas em um sedimentador.

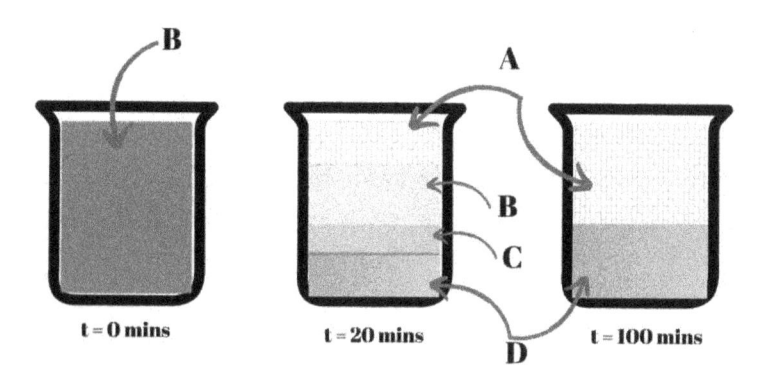

Fonte: Autor (2023).

A zona de líquido clarificado consiste na parte superior do sedimentador, onde o líquido límpido, ou praticamente livre de partículas sólidas, é encontrado. Nesta zona, as partículas sólidas menores e mais leves permanecem em suspensão devido à agitação e turbulência do fluido. A velocidade de sedimentação dessas partículas é bem menor e não é suficiente para que elas atinjam o fundo do sedimentador. Logo, esta zona é caracterizada pela baixa concentração de sólidos.

Imediatamente abaixo da zona de líquido clarificado é possível encontrarmos a zona de concentração variável, onde a concentração de partículas começa a aumentar à medida que as partículas mais pesadas e mais densas começam a sedimentar. A velocidade de sedimentação dessas partículas permite que elas superem a turbulência do fluido e se depositem. A zona B apresenta uma concentração crescente de partículas à medida que a profundidade do sedimentador aumenta.

Por sua vez, a zona de transição é uma região intermediária onde acontece uma transição gradual entre a zona de concentração variável e a zona de sólidos grosseiros. Nesta região, a concentração de partículas sólidas começa a aumentar, contudo, a velocidade de sedimentação das partículas é mais equilibrada com o movimento do fluido. Sendo assim, ela é caracterizada por apresentar uma concentração gradual conforme a profundidade do sedimentador, o que significa que as porções mais inferiores da zona C apresentam maior concentração de partículas que a região superior.

E por fim, a parte inferior do sedimentador é onde ocorre a deposição das partículas sólidas maiores e mais densas. Nessa zona, a velocidade de sedimentação das partículas é alta o suficiente para vencer a turbulência do fluido e causar a sedimentação no fundo do tanque. A zona D apresenta elevada concentração de partículas sólidas e é onde a lama de sedimentos é formada.

A compreensão dessas zonas é fundamental para projetar e operar eficientemente os sedimentadores, garantindo uma separação eficaz das partículas sólidas do líquido. O projeto adequado do equipamento e o controle das condições operacionais são essenciais para otimizar o processo de sedimentação e obter a concentração desejada de sólidos na torta sedimentada.

6.2 TIPOS DE SEDIMENTAÇÃO

A sedimentação pode ser classificada de acordo com o modo de deposição das partículas. Os principais tipos são: discreta, floculante, zonal e por compressão.

Na sedimentação discreta, as partículas sólidas sedimentam-se independentemente de outras partículas, ou seja, não há a ocorrência de interações significativas entre elas, caracterizando-se por estarem dispersas e sem a formação de aglomerados, desta forma, a dimensão e a velocidade das partículas permanece constante ao longo da sedimentação. Este tipo é a mais comum em suspensões onde as partículas são pequenas e não possuem afinidade química ou elétrica que conduza à formação de agrupamentos.

Já a sedimentação floculante baseia-se na aglutinação de partículas com o objetivo de formar aglomerados maiores que podem ser denominados flocos. Este movimento ocorre por causa da presença de partículas que apresentam cargas elétricas opostas, de modo que a atração eletrostática entre elas promove a formação de aglomerados. Além disso, a adição de agentes coagulantes e floculantes em sedimentações pode provocar este fenômeno. Os flocos são mais densos do que as partículas individuais, resultando em uma sedimentação mais rápida.

A sedimentação zonal se caracteriza pela presença de partículas de diferentes tipos que se sedimentam em zonas dentro do sedimentador. As partículas semelhantes tendem a permanecer em uma posição fixa com relação às partículas vizinhas e sedimentam como uma massa única. À medida que as partículas se sedimentam, elas se separam em camadas distintas de acordo com suas características. Esse tipo de sedimentação é comum em suspensões complexas com uma variedade de partículas.

Por sua vez, a sedimentação por compressão consiste na formação de uma estrutura devido à elevada concentração de partículas, desta forma, as partículas sólidas sedimentam como uma estrutura densa e compacta em direção ao fundo do tanque. À medida que as partículas se acumulam na porção inferior, a pressão na lama de sedimentos aumenta, o que leva à expulsão do líquido presente entre as partículas, o que resulta em uma lama mais sólida, com menor quantidade de líquido e altamente concentrada.

6.3 DIMENSIONAMENTO DE UM PROCESSO DE SEDIMENTAÇÃO

O dimensionamento do processo de sedimentação envolve a determinação das características do equipamento e das condições operacionais necessárias para obter uma separação eficiente entre partículas sólidas e líquidas. O projeto de um sedimentador depende do diâmetro das partículas, da viscosidade do fluido, da densidade da partícula e do fluido e da interação das partículas com a lama formada.

É importante sabermos que durante a sedimentação as partículas estão sujeitas a algumas forças conforme apresentadas na Figura 26.

Figura 26. Forças atuantes em uma partícula em sedimentação.

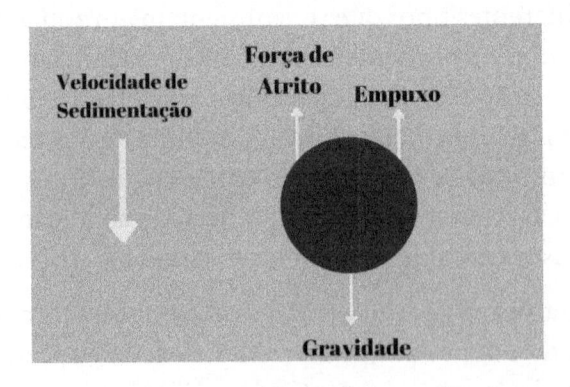

Fonte: Autor (2023).

A sedimentação de partículas em um fluido é influenciada por três forças principais: a força da gravidade, o empuxo (força de flutuação) e a força de arrasto (força de atrito). Essas forças interagem para determinar a velocidade de sedimentação de uma partícula.

A força da gravidade é responsável por puxar a partícula para baixo. Quanto maior a massa da partícula, maior será a força da gravidade atuando sobre ela, uma vez que a força da gravidade pode ser calculada multiplicando a massa da partícula e a gravidade.

O empuxo é a força que age na direção oposta à gravidade e é causado pela diferença de densidade entre a partícula e o fluido. Quando uma partícula é menos densa que o fluido, ela experimenta um empuxo para cima. O empuxo é determinado pelo princípio de Arquimedes, o qual afirma que a força de empuxo sobre um corpo tem magnitude igual ao peso do fluido que foi deslocado devido à imersão do corpo. Matematicamente a força de empuxo é o resultado da multiplicação entre a densidade do fluido, o volume da partícula e a aceleração devido à gravidade.

A força de arrasto, também conhecida como força de atrito do fluido, age em sentido contrário ao movimento da partícula e é causada pelo movimento da partícula através do fluido. A força de arrasto é proporcional à velocidade da partícula e à viscosidade do fluido. Ela pode ser obtida a partir da equação de arrasto de Strokes:

$$F_A = 6 \cdot \pi \cdot \mu \cdot d_p \cdot v \qquad (68)$$

μ consiste na viscosidade do fluido a ser sedimentado (Pa.s), enquanto d_p é o diâmetro da partícula (m) e v a velocidade de sedimentação (m/s).

A velocidade de sedimentação é resultado de quando as três forças estão atuantes, o que significa que a força da gravidade (F_g) é igual à soma da força de empuxo (Fe) e da força de atrito (F_A):

$$F_g - F_e - F_A = 0 \Rightarrow F_g = F_e + F_A \qquad (69)$$

Quando estas forças estão equilibradas, a partícula atinge uma velocidade constante de sedimentação, conhecida como velocidade terminal ou velocidade de sedimentação livre. Neste ponto, não há aceleração adicional da partícula, tem-se que a gravidade puxa a partícula para baixo, enquanto o empuxo e a força de atrito do fluido empurram a partícula para cima. A relação entre essas forças determina a velocidade de sedimentação da partícula.

Este é um conceito importante em sedimentação, uma vez que é o estágio que a partícula sedimenta a uma velocidade constante e não continua a acelerar. Isso é relevante para que possamos determinar as taxas de sedimentação, tempo de sedimentação e profundidade dos equipamentos nos processos industriais.

De modo geral, a velocidade de sedimentação de uma partícula esférica é calculada de acordo com a equação de Navier-Stokes (equação 70), que considera o escoamento de sedimentação um fluxo laminar:

$$V_s = \frac{(\rho_{sólido} - \rho_{fluido}) \cdot d_p^2 \cdot g}{18 \cdot \mu} \quad (70)$$

Neste caso, o número de Reynolds pode ser determinado a partir da equação 71.

$$N_{Re\,(P)} = \frac{v_t \cdot d_p \cdot \rho}{\mu} \quad (71)$$

Onde:

v_t é a velocidade terminal da partícula (m/s).

Acontece que, durante a queda de uma partícula através de um fluido, dois períodos de velocidade são identificados: queda acelerada e velocidade constante. A queda acelerada acontece de forma muito rápida, pois, corresponde a um período de adaptação ao meio em que foi inserida e logo se adapta às condições do fluido, desenvolvendo uma velocidade constante (que iremos chamar de velocidade terminal). Em situações mais complexas, como quando a velocidade terminal não é atingida instantaneamente, outras equações e modelos podem ser necessários para cálculos mais precisos.

O cálculo da velocidade terminal para uma partícula esférica em um processo de sedimentação pode ser realizado a partir da equação 72 e em caso de partículas de qualquer geometria por meio da equação 73.

$$v_t = \sqrt{\frac{4 \cdot g \cdot (\rho_p - \rho_f) \cdot d_p}{3 \cdot C_D \cdot \rho_f}} \quad (72)$$

$$v_t = \sqrt{\frac{2 \cdot m \cdot g \cdot (\rho_p - \rho_f)}{C_D \cdot A_p \cdot \rho_p \cdot \rho_f}} \quad (73)$$

Onde:

C_D é o coeficiente de arraste das partículas em um processo de sedimentação (adimensional), ρ_p a densidade das partículas sólidas presentes no fluido (kg/m³), ρ_f a densidade do fluido (kg/m³), A_p a área da partícula (m²).

É importante nos atentarmos ao fato de que existe uma relação entre a velocidade terminal de uma partícula e o Número de Reynolds, o que permite efetuarmos o cálculo do coeficiente de arraste (C_D) de uma partícula em um determinado fluido.

O C_D consiste em uma medida da resistência do fluido ao movimento da partícula e é uma função das características da partícula e das propriedades do fluido. Para partículas esféricas, o coeficiente de arrasto é frequentemente determinado por meio da equação de arraste de Stokes:

$$C_D = \frac{24}{N_{Re\,(P)}} \qquad (74)$$

Esta relação mostra que o coeficiente de arrasto diminui à medida que o número de Reynolds aumenta, o que indica uma transição de um regime de escoamento laminar para um regime de escoamento turbulento. Quando o número de Reynolds é pequeno, o coeficiente de arrasto é alto. À medida que o número de Reynolds aumenta e o escoamento se torna mais turbulento, e o coeficiente de arrasto diminui.

Neste sentido, podemos perceber que diferentes abordagens têm sido desenvolvidas para explicar a relação do coeficiente de arrasto com o número de Reynolds. Em 1940, Lapple e Shepherd desenvolveram uma modelagem matemática que permitiu o cálculo do coeficiente de arraste para partículas esféricas a partir do desenvolvimento de um índice adimensional denominado de K.

O índice K foi determinado experimentalmente para diferentes tipos de partículas e faixas de número de Reynolds. A equação 75 consiste em uma simplificação que permite estimar o coeficiente de arraste a partir de variáveis operacionais do processo de sedimentação.

$$K = d_p \cdot \left[\frac{g \cdot \rho_f \cdot (\rho_p - \rho_f)}{\mu^2} \right]^{0,33} \qquad (75)$$

Desta forma, se K > 0,33, o cálculo do coeficiente de arraste deve ser dado pela equação de arraste de Stokes (equação 74).

Caso K esteja entre 1,3 e 44, podemos calcular o coeficiente de arraste através da seguinte equação:

$$C_D = \frac{18,5}{\left(N_{Re\,(P)}\right)^{0,6}} \qquad (76)$$

Esta abordagem é empírica e permite a determinação do coeficiente de arrasto em uma ampla faixa de número de Reynolds, principalmente em escoamentos na região de transição. Em caso do valor de K ser superior a 44, o coeficiente de arrasto terá um valor fixo (C_D = 0,44).

Exercício resolvido

Calcule a velocidade de sedimentação de uma partícula esférica de chocolate com um diâmetro de 3,5x10^{-4} m e uma densidade de 1.060 kg/m³ em um meio líquido composto por leite, com uma densidade de 1.030 kg/m³ e viscosidade de 1,5x 10-3 Pa.s.

Resolução:

Para a determinação da velocidade de sedimentação de uma partícula esférica, vamos precisar, inicialmente, realizar o cálculo de K para encontrarmos o coeficiente de arrasto e, a partir daí, encontrar a velocidade terminal da partícula. Portanto, utilizaremos a equação 75 para a determinação de K:

$$K = d_p \cdot \left[\frac{g \cdot \rho_f \cdot (\rho_p - \rho_f)}{\mu^2}\right]^{0,33}$$

$$K = 3,5x10^{-4} \cdot \left[\frac{9,81 \cdot 1030 \cdot (1060 - 1030)}{(1,5x10^{-3})^2}\right]^{0,33}$$

$$K = 3,5x10^{-4} \cdot \left[\frac{304.056}{0,0000015625}\right]^{0,33}$$

$$K = 3,5x10^{-4} \cdot [194595840000]^{0,33}$$

$$K = 3,5x10^{-4} \cdot (5313,908)$$

$$K = 1,85$$

Como K está entre 1,33 e 44, o coeficiente de arrasto pode ser determinado pela equação 76:

$$C_D = \frac{18,5}{\left(N_{Re\,(P)}\right)^{0,6}}$$

Como a velocidade terminal da partícula ainda não foi determinada, não podemos utilizar o Número de Reynolds da partícula a partir da equação 71. O que podemos fazer é incorporar a equação de determinação do coeficiente de arrasto dentro da equação da velocidade terminal de uma partícula geométrica (equação 72):

$$v_t = \sqrt{\frac{4 \cdot g \cdot (\rho_p - \rho_f) \cdot d_p}{3 \cdot C_D \cdot \rho_f}}$$

$$v_t = \sqrt{\frac{4 \cdot g \cdot (\rho_p - \rho_f) \cdot d_p}{3 \cdot \left(\frac{18,5}{N_{Re\,(P)}^{0,6}}\right) \cdot \rho_f}}$$

Promovendo um rearranjo nesta equação, temos que:

$$v_t = \sqrt{\frac{4 \cdot g \cdot (\rho_p - \rho_f) \cdot d_p}{3 \cdot \left(\frac{18,5}{N_{Re\,(P)}^{0,6}}\right) \cdot \rho_f}}$$

$$v_t^{1,4} = \frac{4}{3} \cdot \left(\frac{g \cdot [\rho_p - \rho_f] \cdot d_p}{18,5 \cdot \rho_f}\right) \cdot \left(\frac{d_p \cdot \rho_f}{\mu}\right)^{0,6}$$

$$v_t^{1,4} = \frac{4}{3} \cdot \left(\frac{9,81 \cdot [1060 - 1030] \cdot 3,5 \times 10^{-4}}{18,5 \cdot 1030}\right) \cdot \left(\frac{3,5 \times 10^{-4} \cdot 1030}{1,5 \times 10^{-3}}\right)^{0,6}$$

$$v_t^{1,4} = \frac{4}{3} \cdot \left(\frac{0,103005}{19.055}\right) \cdot \left(\frac{0,3605}{1,5 \times 10^{-3}}\right)^{0,6}$$

$$v_t^{1,4} = \frac{4}{3} \cdot (5,40 \times 10^{-6}) \cdot (240,33)^{0,6}$$

$$v_t^{1,4} = \frac{4}{3} \cdot (5,40 \times 10^{-6}) \cdot (26,82)$$

$$v_t = \sqrt[1,4]{0,0001931}$$

$$v_t = 0,0022 \; m/s$$

Portanto, a velocidade terminal da partícula é de 0,0022 m/s.

6.4 EXERCÍCIOS DE FIXAÇÃO

1. Explique o processo de sedimentação de um fluido rico em sólidos solúveis baseando-se nos fundamentos da operação unitária.

2. Quais são os principais fatores que influenciam a taxa de sedimentação de partículas em produtos alimentícios e como eles podem ser controlados?

3. Quais são as diferentes zonas que podem ser formadas durante uma sedimentação e como elas podem variar em função do tempo do processo?

4. Quais são os principais tipos de sedimentação que podem ocorrer em indústrias químicas e de alimentos?

5. Quais os períodos de velocidade que uma partícula está submetida durante um processo de sedimentação? Caracterize cada um deles.

6. Estime a velocidade de sedimentação de uma partícula cilíndrica de 3,5x10^{-4} m de diâmetro e 1.550 kg/m³ de densidade em água ($\rho = 998 \frac{kg}{m^3}$; $\mu = 1,0x10^{-3}\ Pa.s$).

7. Determine a velocidade de sedimentação de uma partícula esférica de 2,8x10^{-4} m de diâmetro e 1.500 kg/m³ de densidade em água ($\rho = 998 \frac{kg}{m^3}$; $\mu = 1,0x10^{-3}\ Pa.s$).

6.5 BIBLIOGRAFIA RECOMENDADA

AMIN, A.; BAZEDI, A.; ABDEL-FATAH, M. A. Experimental study and mathematical model of coagulation/sedimentation units for treatment of food processing wastewater. *Ain Shams Engineering Journal*, 2021. 12, 195-203 p.

BAKALIS, S.; KNOERZER, K.; FRYER, P. J. *Modeling Food Processing Operations*. 1. ed. Amsterdam: Elsevier, 2015. 345 p.

EARLE, R. L. *Unit Operations in Food Processing*. 2. ed. Oxford: Pergamon Press, 2013. 201 p.

HELDMAN, D. R. *Food Process Engineering*. 1. ed. Berlim: Springer, 2012. 96 p.

PARK, S. H., LAMSAL, B. P.; BALASUBRAMANIAM, V. M. *Principles of Food Processing*, Cambridge: Wiley, 2014. 82 p.

SMITH, S.; HUI, Y. H. *Food Processing: Principles and applications*. 1. ed. Nova York: Wiley, 2008. 491 p.

CAPÍTULO 7
CENTRIFUGAÇÃO

Neste capítulo, adentramos no fascinante mundo da centrifugação, um processo essencial na indústria que utiliza a força centrífuga para separar substâncias com base em sua densidade. A centrifugação é uma técnica poderosa que desempenha um papel fundamental na separação de sólidos e líquidos, bem como na purificação de produtos em diversos setores.

Vamos analisar os diferentes tipos de centrífugas, desde as centrífugas de decantação até as centrífugas de alta velocidade, e como elas são usadas para atingir resultados específicos. Discutiremos também os componentes-chave dessas máquinas e como eles influenciam a eficiência do processo.

INTRODUÇÃO

A operação unitária de centrifugação também se baseia na separação mecânica de partículas sólidas e líquidas de diferentes densidades através do uso da força centrífuga gerada pela rotação de um dispositivo de mesmo nome. A operação é eficaz na separação de partículas, concentração de substâncias, purificação de soluções e separação de materiais imiscíveis.

Suas principais vantagens incluem a alta eficiência de separação através de um processo rápido e é adequada para uma ampla gama de tamanho de partículas, além de não requerer o uso de produtos químicos, sendo um processo automatizado. Entretanto, algumas limitações são impostas quando os materiais são sensíveis à elevada força de cisalhamento provocada pelas centrífugas, ademais, produtos com tamanho de partícula muito reduzido podem sofrer perdas no processo.

A força centrífuga surge quando as partículas estão em movimento circular, e diferente da gravidade, ela não é constante e aumenta a partir da distância do eixo de rotação e com a velocidade.

Quando um líquido ou uma mistura de líquido e sólido é colocado em um dispositivo de centrifugação e girado a alta velocidade, a força centrífuga resultante faz com que as partículas sólidas se movam para longe do eixo de rotação, sedimentando-se no fundo do recipiente. Isso permite a separação das fases líquida e sólida.

7.1 COMPONENTES BÁSICOS DE UMA CENTRÍFUGA

Uma centrífuga é composta por vários componentes que trabalham de forma conjunta para a realização da operação de separação de partículas sólidas e líquidas, ou, para promover a separação de líquidos de densidades distintas.

Os principais componentes são listados a seguir:

1. **Rotor**: é a parte central da centrífuga que gira em alta velocidade. Ele contém as amostras que estão sendo processadas. O rotor é projetado de maneira apropriada para criar um campo de força centrífuga, forçando a sedimentação das partículas sólidas ou a separação dos líquidos de diferentes densidades.

2. **Motor**: é responsável por promover a energia para girar o rotor em alta velocidade. A potência do motor determina a força G (gravidade relativa) aplicada às amostras. A rotação do motor pode ser controlada para atingir as condições de separação desejadas dependendo do processo.

3. **Sistema de controle de velocidade**: este sistema permite controlar e ajustar a taxa de rotação do motor para poder controlar a força G que será aplicada às amostras. O ajuste correto permite uma otimização da separação entre o sólido e o líquido.
4. **Amostra**: consiste no material que se deseja separar. É colocado no rotor e pode ser uma solução líquida com partículas sólidas ou líquidos de densidades diferentes. A quantidade e a composição da amostra podem variar de acordo com o modelo e capacidade da centrífuga.
5. **Sistema de coleta**: com a ação da força centrífuga, ocorre a separação dos componentes, e, os produtos resultantes deste processo são as partículas sólidas sedimentadas ou o líquido sobrenadante. Dependendo do modelo da centrífuga existem diferentes formas de realizar a coleta do material separado. Alguns sistemas permitem a coleta de forma contínua, outros operam de forma descontínua, exigindo a parada do equipamento para a retirada dos produtos.
6. **Sistema de vedação**: as centrífugas podem operar em altas velocidades, criando forças significativas que podem fazer com que os líquidos escapem. Portanto, é importante que a centrífuga seja equipada com um sistema de vedação confiável para evitar vazamentos de líquidos durante a operação.
7. ***Display* e controles**: as centrífugas mais modernas possuem telas e visores de controle que permitem aos operadores realizarem ajustes na velocidade, estabelecer tempo de funcionamento da operação e monitorar o progresso da separação das fases.
8. **Sistema de refrigeração**: no caso de centrífugas que operam em altas velocidades, há a dissipação de muita

energia na forma de calor devido ao atrito e à resistência do ar, desta forma, pode ser necessária que a centrífuga seja equipada com um sistema de refrigeração para promover a manutenção da temperatura adequada nas amostras.

7.2 TIPOS DE CENTRÍFUGAS

A diferenciação de modelos de centrífugas industriais projetadas para atender a diferentes necessidades de separação e processamento é ampla. Cada tipo de centrífuga pode ser dimensionada para aplicações específicas, desde que leve em consideração parâmetros como o tipo de material a ser processado, tamanho de partículas, características do fluido e os objetivos da separação.

Neste contexto, os principais tipos de centrífugas utilizadas na indústria de alimentos e química são as decantadoras horizontais, de cesto tubular e de disco.

As centrífugas decantadoras horizontais consistem em um tipo de centrífuga empregada na separação de líquidos e sólidos com base na diferença de densidade. Elas são projetadas para operar com o eixo de rotação horizontal e sua estrutura é desenhada para maximizar a eficiência da operação.

Elas são equipadas com um cesto de separação que contém a mistura de líquido e sólido, o cesto é projetado para permitir a sedimentação dos sólidos enquanto o líquido é expelido para o sistema de coleta. O cesto de separação rotaciona em alta velocidade para a promoção de forças centrífugas significativas, desta forma, as partículas sólidas se movem em direção à parede interna do cesto, enquanto o líquido segue para a região central do cesto, a qual possui uma abertura que leva ao sistema de coleta.

Este tipo de centrífuga promove uma separação eficiente e pode operar de forma contínua, fornecendo alta capacidade para grandes volumes de material, o que as torna ideais para aplicações industriais. Contudo, a eficiência da separação pode ser afetada pelo tamanho e pela composição das partículas.

As centrífugas de configuração cesto tubular é desenhada com um cesto vertical no qual a mistura líquido-sólido é inserida, e, a partir do movimento rotacional em alta velocidade ocorre a separação dos componentes com base na densidade. O cesto é perfurado para permitir que o líquido seja expelido enquanto os sólidos são retidos no interior do cesto. Após a separação, os sólidos que se encontram nas paredes internas do cesto, podem ser removidos através de um sistema de descarga, o que permite a coleta dos sólidos separados.

Assim como as centrífugas decantadoras, a alta velocidade de rotação promove uma eficaz separação, mesmo com partículas pequenas e finas e os sólidos saem do equipamento com alto grau de desidratação devido à alta velocidade rotacional.

As centrífugas de disco possuem um *design* diferenciado que permite uma separação eficiente, especialmente em aplicações onde se faz necessário o processamento de grandes volumes de líquido e sólido. A principal característica deste tipo de centrífuga são os discos empilhados, que contém canaletas e canais radiais que são empilhados uns sobre os outros para formar o conjunto de discos. Eles giram em alta velocidade e proporcionam uma área de superfície efetiva para a separação maior do que os outros tipos de centrífugas. À medida que a mistura é alimentada no equipamento, as partículas sólidas são conduzidas para as canaletas dos discos pela ação da força centrífuga e direcionados para a periferia do equipamento, enquanto o líquido é expelido para o centro. Cada um dos discos que compõem a centrífuga possui canais de descarga para os sólidos separados e para o líquido clarificado. Um ponto negativo é que alguns modelos podem apresentar complexidade em termos de manutenção por conta do *design* empilhado e a necessidade de remover a torta de sólidos que ficam retidas nos canais de descarga.

7.3 DIMENSIONAMENTO DE CENTRÍFUGA DE CESTO TUBULAR

O dimensionamento de uma centrífuga de cesto tubular envolve o projeto e seleção dos parâmetros operacionais e geométricos necessários para atingir os objetivos de separação desejados.

O primeiro passo é determinar a velocidade angular, pois é fundamental para o dimensionamento e operação deste equipamento de separação. Também conhecida como frequência rotacional, é expressa em radianos por segundo e consiste em um fator fundamental para a eficácia da separação e a obtenção dos resultados desejados. A velocidade angular é responsável por gerar as forças centrífugas necessárias para separar as partículas sólidas do líquido.

Matematicamente ela pode ser definida a partir da frequência rotacional da centrífuga, de acordo com a equação:

$$\omega = 2 \cdot \pi \cdot N \qquad (76)$$

Onde:

ω é a velocidade angular (rad/min), N é a frequência rotacional da centrífuga (rpm).

Outro aspecto importante que devemos estar atentos no dimensionamento de centrífugas é o ponto de corte da partícula, o qual se caracteriza pelo tamanho mínimo de partícula que deve ser retido na centrífuga. É determinado por fatores como as características da partícula, *design* da centrífuga e parâmetros operacionais. Este parâmetro é relevante em centrífugas que objetivam a separação de partículas sólidas de um líquido ou de partículas de tamanhos distintos.

O ponto de corte é calculado a partir de uma correlação entre a velocidade terminal da partícula e o tempo de resistência, que consiste no intervalo de tempo médio em que as partículas a serem processadas permanecem dentro do equipamento em operação. Em outras palavras, é o tempo que leva para que as partículas ou o fluido percorram a trajetória dentro da centrífuga, desde a entrada até a saída.

Desta forma, o ponto de corte pode ser obtido a partir do cálculo pela vazão volumétrica do processo, considerando o tempo de residência do material no interior da centrífuga e pelo quociente entre o volume de material líquido retido na centrífuga:

$$\dot{Q} = \left[\frac{\pi \cdot H \cdot (R_i^2 - R_s^2)}{\ln\left(\frac{2 \cdot R_i^2}{R_i^2 + R_s^2}\right)} \right] \cdot \left(\frac{\omega^2 \cdot D_{PC}^2 \cdot (\rho_p - \rho_f)}{9 \cdot \mu} \right) \quad (77)$$

Onde:

H é a altura do cesto da centrífuga (m), R_t o raio interno do cesto da centrífuga (m), R_s o raio da superfície do líquido (m), e D_{pc} é o diâmetro do ponto de corte (m).

Ao realizarmos um rearranjo na equação de modo a isolar o ponto de corte da partícula, temos a seguinte equação:

$$D_{PC} = \sqrt{\frac{9 \cdot \mu \cdot \dot{Q} \cdot \left(\ln\frac{2 \cdot R_i^2}{R_i^2 + R_S^2}\right)}{\pi \cdot H \cdot (R_i^2 - R_S^2) \cdot \omega^2 \cdot (\rho_p - \rho_f)}} \qquad (78)$$

E quando o processo de centrifugação envolver a separação de dois líquidos de densidades distintas ou que sejam imiscíveis? Neste caso, é necessário realizarmos o cálculo do raio da interface da emulsão, a qual envolve diversas considerações relacionadas às propriedades dos líquidos imiscíveis que formam a emulsão e às forças envolvidas no processo de separação. A interface consiste na superfície que separa os dois líquidos em uma emulsão, como, por exemplo, água e óleo. O equilíbrio entre as duas fases pode ser dado por:

$$\rho_1 \left(R_{eq}^2 - r_1^2\right) = \rho_2 \left(R_{eq}^2 - r_2^2\right) \qquad (79)$$

Onde:

ρ_1 é o fluido de densidade menor (kg/m³), ρ_2 o fluido de densidade maior (kg/m³), r_1 e r_2 as posições radiais de saída das duas fases e R_{eq} consiste na posição da zona de separação onde é verificado o equilíbrio de fases.

Ao promovermos um rearranjo nesta equação, podemos calcular R_{eq}:

$$R_{eq} = \sqrt{\frac{\rho_1 \cdot r_1^2 - \rho_2 \cdot r_2^2}{\rho_1 - \rho_2}} \qquad (80)$$

Essa equação é usada para estimar o raio médio da interface entre dois líquidos imiscíveis que formam uma emulsão durante a operação de separação em uma centrífuga. Vale ressaltar que essa equação é uma simplificação e pode não ser precisa em todos os cenários, especialmente quando as propriedades das emulsões são complexas ou variáveis. Além disso, os fabricantes de centrífugas podem fornecer orientações específicas para o cálculo do raio da interface da emulsão em suas máquinas.

Exercício resolvido

Em um processo de clarificação de suco de tomate, as partículas indesejadas, tais como pedaços da casca e sementes devem ser separadas pela operação de centrifugação a uma vazão volumétrica de 0,020 m^3/s, utilizando uma centrífuga de cesto tubular com raio de 0,030 m, altura de 0,18 m e rotação de 15.000 rpm, com um raio de superfície líquida de 0,020 m. O suco de tomate tem uma densidade de 1.100 kg/m^3 e viscosidade de 3,2x10^{-3} Pa.s. As partículas indesejadas possuem uma densidade de 1.250 kg/m^3. Calcule o diâmetro do ponto de corte das partículas no processo de centrifugação.

Resolução:

Inicialmente, temos que determinar a velocidade angular envolvida no processo através da equação 76.

$\omega = 2 \cdot \pi \cdot N$

$\omega = 2 \cdot 3,14 \cdot 15.000$

$\omega = 94.200 \ rad/min$

$\omega = 1570 \ rad/min$

Agora, aplicaremos a equação 78 para encontrarmos o diâmetro do ponto de corte:

$$D_{PC} = \sqrt{\frac{9 \cdot \mu \cdot \dot{Q} \cdot \left(\ln \frac{2 \cdot R_i^2}{R_i^2 + R_s^2}\right)}{\pi \cdot H \cdot (R_i^2 - R_s^2) \cdot \omega^2 \cdot (\rho_p - \rho_f)}}$$

$$D_{PC} = \sqrt{\frac{9 \cdot (3{,}2 \times 10^{-3}) \cdot (0{,}020) \cdot \left(\ln \frac{2 \cdot (0{,}030)^2}{(0{,}030)^2 + (0{,}020)^2}\right)}{3{,}14 \cdot (0{,}18) \cdot (0{,}030^2 - 0{,}020^2) \cdot (1570)^2 \cdot (1250 - 1100)}}$$

$$D_{PC} = \sqrt{\frac{0{,}000576 \cdot \left(\ln \frac{0{,}0018}{(0{,}0009 + 0{,}0004)}\right)}{3{,}14 \cdot (0{,}18) \cdot (0{,}0005) \cdot (2464900) \cdot (150)}}$$

$$D_{PC} = \sqrt{\frac{0{,}000576 \cdot \ln(1{,}38)}{104.487{,}11}}$$

$$D_{PC} = \sqrt{\frac{0{,}000576 \cdot (0{,}3254)}{104.487{,}11}} = 4{,}23 \times 10^{-5}\ m$$

$$D_{PC} = 0{,}423 \times 10^{-6}\ m = 0{,}423\ \mu m$$

Portanto, o diâmetro do ponto de corte é de 0,423 μm.

7.4 MUDANÇA DE ESCALA

A mudança de escala em centrífugas é um processo importante na indústria, especialmente quando se deseja dimensionar e projetar equipamentos de maior capacidade com base em resultados de testes em escalas menores. A mudança de escala permite extrapolar os resultados de laboratório ou pequenos equipamentos para condições industriais reais, garantindo que a performance, eficiência e capacidade da centrífuga sejam mantidas ou melhoradas durante a ampliação.

A mudança de escala pode ser realizada a partir do cálculo da vazão volumétrica em função da velocidade terminal de sedimentação que corresponde à lei de Stokes, só que aplicada para a operação de centrifugação:

$$\dot{Q}_1 = 2 \cdot v_t \cdot \Sigma \tag{81}$$

Onde:

Σ é considerada uma característica intrínseca das centrífugas. Sendo que a v_t é a velocidade terminal de sedimentação pela lei de Stokes demonstrada na equação 70, entretanto, devemos substituir o diâmetro da partícula pelo diâmetro do ponto de corte, desta forma, temos que:

$$v_t = \frac{d_{PC}^2 \cdot (\rho_p - \rho_f) \cdot g}{18 \cdot \mu} \tag{82}$$

O cálculo de Σ pode ser realizado de acordo com a equação 83:

$$\Sigma = \frac{\omega^2 \cdot \pi \cdot H \cdot (R_i^2 - R_s^2)}{g \cdot \ln\left(\frac{2 \cdot R_i^2}{R_i^2 + R_s^2}\right)} \tag{83}$$

No caso da utilização de uma mesma centrífuga para partículas sólidas e fluidas distintas, mas que se deseje a mesma velocidade de sedimentação, podemos calcular a mudança de escala através da equação abaixo:

$$\left(\frac{Q_1}{\Sigma_1}\right) = \left(\frac{Q_2}{\Sigma_2}\right) \tag{84}$$

Exercício resolvido

Um processo na indústria química requer a separação de partículas em uma centrífuga com uma vazão volumétrica de suspensão de 0,010 m³/s. O diâmetro do ponto de corte das partículas é de 8 μm e sua densidade é de 1.400 kg/m³. Calcule o valor da área normal de um recipiente de sedimentação por gravidade com a mesma capacidade que a centrífuga (Σ), considerando que a densidade e a viscosidade da suspensão são as mesmas da água (998 kg/m³ e 1x10⁻³ Pa.s, respectivamente). Além disso, determine a vazão volumétrica se a mesma centrífuga for empregada para separar partículas com um diâmetro de 12 micrômetros e densidade de 1.500 kg/m³, que estão em suspensão com densidade de 1.100 kg/m³ e viscosidade de 1,6x10⁻³ Pa.s.

Resolução:

A questão será iniciada a partir da primeira suspensão, desta forma, a velocidade terminal da partícula pode ser calculada pela equação 82. Atente para o fato de termos que utilizar o diâmetro do ponto de corte em metros e a questão fornece em micrômetros.

$$v_t = \frac{d_{PC}^2 \cdot (\rho_p - \rho_f) \cdot g}{18 \cdot \mu}$$

$$v_t = \frac{(8,0x10^{-6})^2 \cdot (1400 - 998) \cdot 9,81}{18 \cdot (1,0x10^{-3})}$$

$$v_t = \frac{(0,000000000064) \cdot (402) \cdot 9,81}{18 \cdot (1,0x10^{-3})}$$

$$v_t = \frac{(0,0000002523)}{(0,018)} = 1,40x10^{-5} \; m/s$$

Agora, podemos aplicar a equação 81:

$$\dot{Q}_1 = 2 \cdot v_t \cdot \Sigma$$

$$\Sigma = \frac{\dot{Q}_1}{2 \cdot v_t} = \frac{0{,}010}{2 \cdot (1{,}40x10^{-5})} = 357{,}14\,m^2$$

Com relação à segunda suspensão, temos que:

$$v_t = \frac{(12{,}0x10^{-6})^2 \cdot (1500 - 1100) \cdot 9{,}81}{18 \cdot (1{,}6x10^{-3})}$$

$$v_t = \frac{(12{,}0x10^{-6})^2 \cdot (1500 - 1100) \cdot 9{,}81}{18 \cdot (1{,}6x10^{-3})}$$

$$v_t = \frac{(0{,}000000000144) \cdot (400) \cdot 9{,}81}{0{,}0288} = 0{,}00001962\,m/s$$

Como esta segunda suspensão será separada na mesma centrífuga da primeira, podemos considerar que:

$$\Sigma_1 = \Sigma_2 = 357{,}14\,m^2$$

Portanto, a vazão pode ser determinada pela equação abaixo:

$$\dot{Q}_2 = 2 \cdot v_{t2} \cdot \Sigma_2$$

$$\dot{Q}_2 = 2 \cdot 0{,}00001962 \cdot 357{,}14$$

$$\dot{Q}_2 = 0{,}014\,m^3/s$$

7.5 EXERCÍCIOS DE FIXAÇÃO

1. O que é a operação de centrifugação e como ela é utilizada na indústria?

2. Quais são os principais tipos de centrífugas utilizados na indústria e em que processos eles são empregados?

3. Diferencie as principais partes de uma centrífuga.

4. Uma indústria de tratamento de efluentes industriais utiliza a operação de centrifugação para separar as lamas residuais de modo a acelerar o processo de separação. As partículas da lama são separadas a uma vazão de 0,035 m³/s por meio de uma centrífuga de cesto tubular que possui raio de 0,018 m e altura de 0,12 m. A rotação empregada nesta operação é de 12.000 rpm, desta forma, o raio da superfície líquida aplicado é de 0,011 m. Nestas condições, a lama residual apresenta densidade de 1.380 kg/m³ e viscosidade de 4,5x10⁻³ Pa.s, enquanto que a fase dispersa, é composta por água ($\rho = 998 \ kg/m^3; \ \mu = 1,0x10^{-3} Pa.s$). Desta forma, determine o diâmetro do ponto de corte das partículas envolvidas no processo de separação por centrifugação.

5. Uma emulsão de óleo essencial foi produzida a partir de um processo de hidrodestilação. As fases são compostas por óleo essencial de malvarisco (*Plectranthus amboinicus*) e água e devem ser separadas com o auxílio de uma centrífuga operando a uma vazão volumétrica de 0,017m³/s. O diâmetro do ponto de corte das partículas da fase leve é de 3 μm e sua densidade é de 850 kg/m³. Determine o valor da área normal de um recipiente de sedimentação por gravidade e com a mesma capacidade que a centrífuga, considerando que a densidade e a

suspensão da fase pesada são semelhantes à da água (998 kg/m³ e 1x10⁻³ Pa.s, respectivamente). Se a mesma centrífuga for empregada para a separação de uma emulsão mais grosseira, contendo partículas com diâmetro de ponto de corte de 7 μm e densidade de 940 kg/m³ que estão em uma suspensão semelhante à água (998 kg/m³ e 1x10⁻³ Pa.s, respectivamente), qual será a vazão volumétrica da operação?

7.6 BIBLIOGRAFIA RECOMENDADA

LUCKIRAM, B. Centrifugation. In: *Review of unit operations from R&D to production: impacts of upstream and downstream process decisions. Integration and Optimization of Unit Operations*, 2002. 133-143 p.

MAJEKODUNMI, S. O. A Review of Centrifugation in the Pharmaceutical Industry. *American Journal of Biomedical Engineering*, 2015. 5, 67-78 p.

ROUSH, D. J.; LU, Y. Advances in Primary Recovery: Centrifugation and Membrane Technology. *Biotechnology Progress*, 2008. 24, 488-495 p.

SOOD, G.; SHARMA, M.; KAUSHAL, R. Centrifugation: Basic principles, types. *Basic Biotechniques for bioprocess and Bioentrepeneuership*, 2023.133-143 p.

VARZAKAS, T.; TZIA, C. *Food Engineering Handbook: Food Process Engineering: Centrifugation-Filtration*. Boca Ratón: CRC Press, 2014. 651 p.

WANG, L. K.; CHANG, S. Y.; HUNG, Y. T.; MURALIDHARA, H. S.; CHAUHAN, S. P. *Centrifugation Clarification and Thickening. Biosolids Treatment Processes*, 2007. 101-134 p.

CAPÍTULO 8
OPERAÇÕES DE REDUÇÃO DE TAMANHO

Neste capítulo, mergulharemos no intrigante mundo das operações de redução de tamanho na indústria, um processo vital que envolve a quebra de materiais sólidos em partículas menores. Essas operações desempenham um papel fundamental na preparação de matérias-primas, no processamento de produtos e em diversas aplicações industriais.

Vamos analisar em detalhes os processos de redução de tamanho, desde a trituração até a moagem e a pulverização. Compreenderemos como a escolha do método de redução de tamanho afeta a qualidade do produto e a eficiência do processo.

INTRODUÇÃO

As operações de redução de tamanho, também denominadas de operações de cominuição, desempenham um papel importante em diversos setores industriais, como mineração, alimentos, farmacêutica, química e muitos outros. Essas operações objetivam diminuir o tamanho das partículas de sólidos, transformando-as em partículas menores, o que pode ser necessário para diversos propósitos, como processamento, transporte, reciclagem ou aumento da superfície de contato para reações químicas. A redução do tamanho das partículas visa atender aos requisitos específicos de cada produto, melhorar a textura, aumentar as propriedades de solubilidade e facilitar a mistura de ingredientes.

Na indústria de alimentos a aplicação é diversa. Por exemplo, na moagem de grãos e cereais, onde ela é utilizada para reduzir os grãos em partículas menores como farinhas e sêmolas, fornecendo ingredientes para a produção de uma série de produtos como pães, bolos, biscoitos, cereais matinais etc. Na indústria de processamento de carnes é comum a redução do tamanho na preparação de produtos processados como linguiça, salsicha, salame e hambúrguer e é realizada a partir de operações de trituração, corte ou moagem.

Já na indústria química, as operações de redução de tamanho são utilizadas na produção de pós e grânulos através da moagem, incluindo produtos farmacêuticos, produtos químicos finos e materiais de construção, de modo a garantir a distribuição uniforme dos materiais e melhorar suas propriedades de solubilidade, reatividade e capacidade de processamento. Na produção de pigmentos e corantes a moagem é utilizada para criar partículas finas, as quais são utilizadas em aplicações desde tintas e revestimentos até cosméticos. Na fabricação de materiais avançados como cerâmicas térmicas e materiais compósitos, a redução de tamanho é aplicada para criar partículas uniformes que contribuam para as propriedades do material.

8.1 PROCESSO DE REDUÇÃO DE TAMANHO

O mecanismo que se refere aos processos físicos e mecânicos pelos quais a redução de tamanho das partículas sólidas ocorre durante as operações de moagem, trituração, britagem e outras operações semelhantes é denominado cominuição. Esse processo é fundamental para transformar partículas de tamanho maior em partículas menores, criando produtos com características desejadas em várias indústrias. Existem vários mecanismos que podem estar envolvidos na cominuição, dependendo das forças e ações aplicadas às partículas.

Os principais mecanismos de cominuição incluem as forças de impacto, compressão e cisalhamento, contudo, também podem ser citadas a dissolução mecânica, desintegração, fragmentação por pressão hidráulica e atrito.

Nesse mecanismo de impacto, as partículas são reduzidas de tamanho quando colidem umas com as outras ou com superfícies rígidas. Isso pode ocorrer em moinhos de impacto, onde as partículas são aceleradas e colidem com elementos internos do moinho, como martelos, barras ou placas. A energia cinética é convertida em energia de deformação e fratura durante as colisões das partículas. Isso leva à quebra das partículas em tamanhos menores devido às tensões de compressão, cisalhamento e tração geradas no momento do impacto.

A compressão ocorre quando as partículas são comprimidas entre duas superfícies. Isso pode acontecer em equipamentos como moinhos de rolos ou britadores, onde a pressão é aplicada gradualmente para reduzir o tamanho das partículas. Esse mecanismo é utilizado em operações de cominuição onde a força é aplicada gradualmente, levando à quebra das partículas por meio de tensões de compressão.

O cisalhamento é um movimento de deslizamento relativo entre partículas ou entre partículas e superfícies. Esse mecanismo é comum em equipamentos de corte, trituração ou moinhos de facas. As partículas são submetidas a tensões de cisalhamento, que são forças tangenciais que tendem a fazer com que as partículas deslizem ou se movam uma em relação à outra. Esse movimento relativo causa a separação, quebra ou deformação das partículas.

A Figura 27 apresenta o mecanismo dos principais tipos de forças envolvidas na redução de tamanho de materiais sólidos.

Figura 27. Tipos de forças envolvidas na redução de tamanho de materiais.

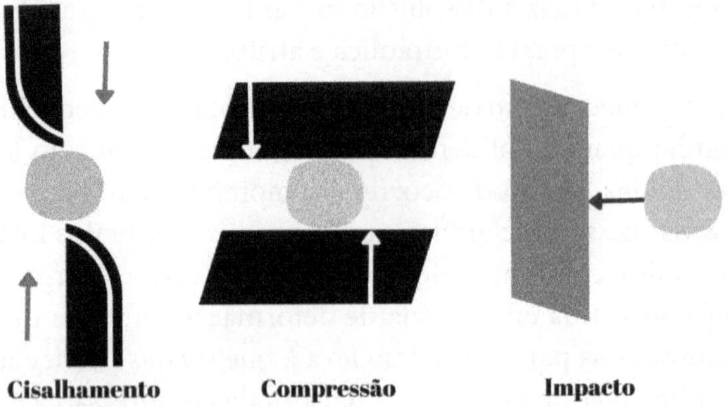

Cisalhamento   Compressão   Impacto

Fonte: Autor (2023).

Para entendermos melhor o comportamento dos materiais sólidos a partir da aplicação de uma força com o objetivo de reduzir o seu tamanho temos que considerar os aspectos referentes à Reologia de Sólidos.

8.2 REOLOGIA DE SÓLIDOS

A reologia dos sólidos refere-se ao estudo do comportamento de materiais sólidos quando submetidos a forças externas, como tensão, deformação ou cisalhamento. Assim como a reologia é aplicada a fluidos, a reologia dos sólidos investiga como os materiais sólidos se comportam quando submetidos a diferentes condições de carga e deformação. A reologia dos sólidos é de grande importância em várias áreas, incluindo engenharia de materiais, indústria de polímeros, metalurgia, geologia, ciência dos materiais e processamento de alimentos.

Inicialmente é importante realizarmos a diferença entre dois comportamentos que os materiais sólidos podem exibir: **elástico** e **plástico**. No comportamento elástico, o material tende a retornar à sua forma original após a remoção da tensão, por conta da força elástica reparadora, desde que a sua estrutura não seja danificada de modo irreversível. Por outro lado, o comportamento plástico consiste na deformação permanente e irreversível após a remoção da tensão.

A classificação reológica dos sólidos refere-se à categorização dos materiais sólidos com base em seus comportamentos mecânicos em resposta a tensões e deformações. Assim como os líquidos podem ser classificados como newtonianos e não newtonianos, os sólidos também podem ser agrupados em diferentes categorias de acordo com suas propriedades reológicas. A classificação reológica dos sólidos ajuda a compreender e prever como esses materiais se comportam sob diferentes condições de força e deformação.

Os primeiros ensaios sobre reologia de sólidos foram conduzidos por Robert Hooke (1635-1706), a partir do uso de diferentes pesos em molas e a avaliação da deformação destas peças. Desta forma, ele observou que alguns materiais apresentavam uma relação linear entre a tensão aplicada e a deformação, ou seja, quanto maior a tensão aplicada, maior é a deformação do material, desde que esteja dentro dos limites de elasticidade do material. Para os sólidos que seguem este comportamento, receberam o nome de sólidos hookeanos ou elásticos lineares.

Quando a tensão é removida de um sólido hookeano, ele retorna à sua forma original sem deformação permanente. Isso é conhecido como retorno elástico e é uma característica importante dos materiais elásticos lineares.

A Figura 28 apresenta o comportamento de um sólido hookeano.

Figura 28. Comportamento de um sólido hookeano em um gráfico de tensão e deformação.

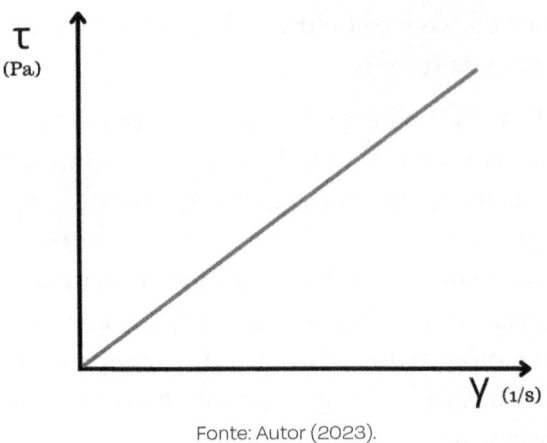

Fonte: Autor (2023).

O coeficiente angular em um gráfico que segue a Lei de Hooke representa o módulo de elasticidade do material, também conhecido como módulo de Young, o qual pode ser obtido a partir de um estudo de compressão em uma única direção (uniaxial) de uma amostra cilíndrica. O material é comprimido e tem seus raios e alturas modificados em função da ação da compressão, conforme ilustrado na Figura 29.

Figura 29. Comportamento das dimensões de um cilindro durante a compressão uniaxial.

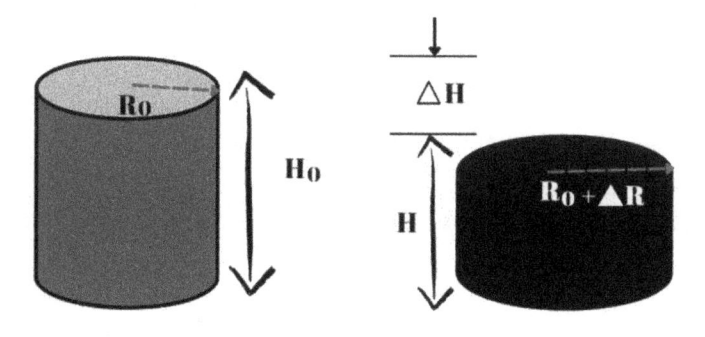

Fonte: Autor (2023).

Desta forma, como o volume do cilindro é constante durante todo o processo de compressão, podemos estabelecer a seguinte relação:

$$H_0 \cdot R_0^2 = (H_0 - \Delta H) \cdot (R_0 + \Delta R)^2 \qquad (85)$$

A partir desta relação, podemos calcular a variação do raio durante a compressão, e por consequência, a sua área, de modo que seja possível encontrar a tensão exercida sob o material durante o ensaio de compressão, conforme expresso na equação 86.

A compressão uniaxial é um tipo de carga mecânica que atua em um material quando forças são aplicadas para comprimir ou reduzir seu volume em uma única direção, enquanto as outras direções permanecem livres para se expandir ou contrair de acordo com as características do material. É um teste fundamental na mecânica dos materiais e é frequentemente usado para determinar as propriedades de compressão de diferentes materiais.

Neste teste, uma amostra sólida é comprimida entre duas placas ou sondas do equipamento. A força e a deformação são registradas durante a compressão, permitindo a determinação de parâmetros como a dureza, a força de compressão máxima e a deformação antes da ruptura.

Neste caso, a tensão exercida sobre o material é dada pela divisão entre a força aplicada no processo de compressão e a área que recebe a força, de acordo com a equação 86.

$$\tau = \frac{F}{A} \tag{86}$$

Da mesma forma, podemos calcular a deformação sofrida por um material a partir da equação 87, relacionando a variação do comprimento em comparação com o comprimento inicial do material.

$$\varepsilon = \left| ln\left(\frac{L}{L_0}\right) \right| \tag{87}$$

Sendo assim, a combinação dos pares ordenados de tensão e deformação permite a construção de um gráfico tensão-deformação e a identificação do modelo reológico do material.

Enquanto os sólidos hookeanos são uma aproximação útil para muitos materiais, a Lei de Hooke não é válida para todos os materiais sob todas as condições. Materiais que apresentam comportamentos não lineares, como materiais viscoelásticos ou plásticos, não podem ser completamente descritos pela Lei de Hooke. Neste contexto, podemos citar os sólidos elastoplásticos e os elásticos não lineares.

A Figura 30 apresenta o comportamento de um sólido elastoplástico.

Figura 30. Comportamento de um sólido elastoplástico em um gráfico de tensão e deformação.

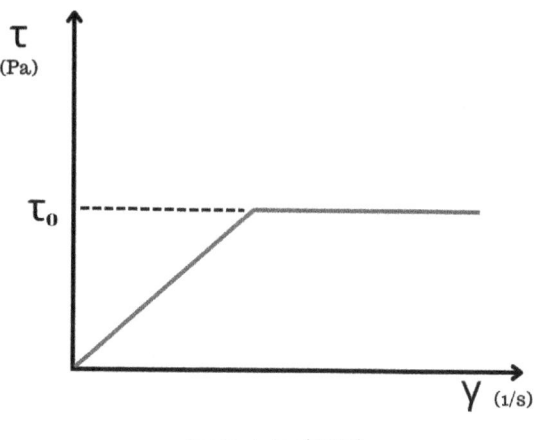

[Gráfico: eixo vertical τ (Pa), eixo horizontal γ (1/s); linha reta ascendente a partir da origem até o valor τ_0, e depois linha horizontal constante em τ_0.]

Fonte: Autor (2023).

Os sólidos elastoplásticos são materiais que exibem características tanto elásticas quanto plásticas em resposta a tensões aplicadas. Isso significa que esses materiais podem se deformar elasticamente até determinada tensão e, em seguida, sofrer deformações plásticas permanentes após excederem esse limite elástico. Esse comportamento é intermediário entre os sólidos puramente elásticos, que retornam completamente à sua forma original após a remoção da tensão, e os sólidos puramente plásticos, que sofrem deformações plásticas irreversíveis assim que uma tensão é aplicada.

Assim como os sólidos elásticos, os sólidos elastoplásticos exibem uma região elástica inicial (linha reta ascendente), na qual a deformação é proporcional à tensão aplicada. Nessa região, o material retorna à sua forma original após a remoção da tensão, seguindo a Lei de Hooke. Além da região elástica, os sólidos elastoplásticos possuem um limite de escoamento (linha pontilhada), também conhecido como limite de proporcionalidade, onde a relação linear entre tensão e deformação não é mais válida. Nesse ponto, o material começa a sofrer deformações plásticas permanentes. Uma vez que o limite de escoamento é ultrapassado, os sólidos elastoplásticos começam a sofrer deformações plásticas, que não podem ser completamente revertidas removendo a tensão. O sólido experimenta uma deformação permanente (linha reta na horizontal) e não retorna à sua forma original.

Os materiais elastoplásticos são comuns em muitas aplicações do mundo real, como na engenharia civil (aço estrutural), na indústria de manufatura (materiais moldáveis) e na indústria automotiva (plásticos reforçados com fibras).

Por sua vez, os sólidos elásticos não lineares são materiais que não seguem uma relação linear estrita entre a tensão aplicada e a deformação resultante, ao contrário dos sólidos elásticos lineares que seguem a Lei de Hooke em um primeiro momento. Em outras palavras, a tensão e a deformação não são diretamente proporcionais em toda a faixa do gráfico, e o comportamento desses materiais elásticos não pode ser adequadamente descrito por um único módulo de elasticidade constante.

A Figura 31 apresenta o comportamento reológico dos sólidos elásticos não lineares.

Figura 31. Comportamento reológico de um sólido elástico não linear.

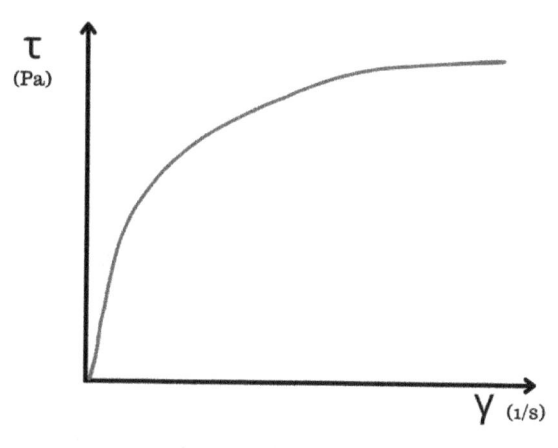

[Gráfico: eixo vertical τ (Pa), eixo horizontal γ (1/s), curva crescente que se aproxima de um valor assintótico.]

Fonte: Autor (2023).

O comportamento do sólido pode depender da magnitude da tensão aplicada. À medida que a tensão aumenta, a deformação pode começar a se desviar de uma resposta linear. Materiais elásticos não lineares podem exibir diferentes regiões de comportamento em resposta à variação da tensão. Isso pode incluir regiões de escoamento, endurecimento, relaxamento, entre outras.

Exemplos de materiais elásticos não lineares incluem elastômeros, materiais poliméricos altamente deformáveis e tecidos biológicos. Esses materiais frequentemente exibem comportamentos complexos, como histerese (perda de energia durante o ciclo reológico) e relaxamento (ele relaxa gradualmente e reduz a deformação ao longo do tempo).

8.3 MÉTODOS PARA A DETERMINAÇÃO DE PARÂMETROS REOLÓGICOS DE SÓLIDOS

A determinação de parâmetros reológicos de sólidos é importante em diversas áreas da ciência e engenharia, como na indústria de alimentos, na indústria farmacêutica, na construção civil, entre outras.

Atualmente, existem diversos métodos para a determinação das propriedades reológicas de sólidos, contudo, uma aplicação direta da indústria na determinação destes parâmetros é realizada através de equipamentos que relacionam a textura com as propriedades mecânicas, denominados de texturômetros.

Texturômetros são instrumentos especializados para a determinação de parâmetros reológicos de sólidos, especialmente aqueles relacionados à textura e consistência. Eles são amplamente utilizados em indústrias de alimentos, farmacêutica, cosméticos e materiais de construção para avaliar a textura de produtos sólidos. Os texturômetros são altamente versáteis e podem ser programados para realizar uma variedade de testes para caracterizar a textura e a consistência de sólidos. A escolha do método depende das características específicas da amostra e dos parâmetros que se deseja medir. Os resultados obtidos com texturômetros são valiosos para garantir a qualidade do produto e otimizar processos de produção.

O teste de compressão realizado em texturômetros analisa especificamente as propriedades mecânicas de alimentos sólidos ou semissólidos. Geralmente é utilizado para medir parâmetros de firmeza, dureza e elasticidade, fundamentais para a compreensão do comportamento reológico de alimentos sólidos (Wee *et al.*, 2018). Desta forma, uma força controlada é aplicada para comprimir a amostra a uma taxa definida. A deformação do alimento e a resposta do material sob compressão são medidas e analisadas para extrair informações reológicas, como o módulo de elasticidade, por exemplo (Krop *et al.*, 2019).

Neste contexto, a Figura 32 apresenta uma curva típica de força versus tempo obtida para uma amostra genérica de alimento durante um teste de compressão de texturômetro.

Figura 32. Curva típica de força versus tempo obtida para uma amostra genérica de alimento durante um teste de compressão de texturômetro.

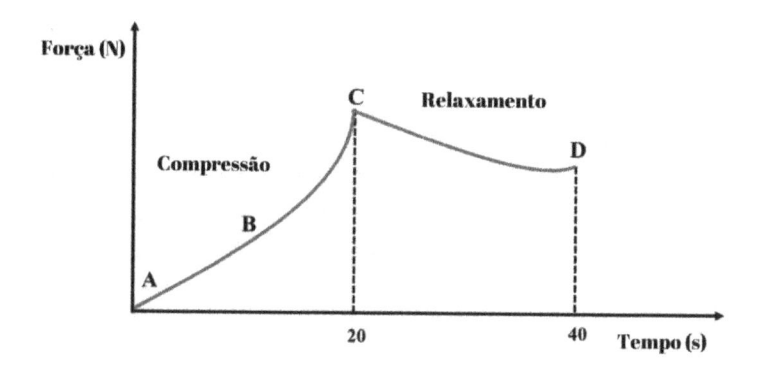

Fonte: Autor (2023).

A partir do gráfico gerado é possível obter informações relevantes sobre o comportamento do alimento em função da força aplicada. A área sob a curva entre AC representa a integração da força com a distância e, portanto, o trabalho consumido na compressão da amostra.

Após o início da compressão, ocorrem rearranjos internos em nível molecular dentro da amostra de alimento (em tensão constante). Com o relaxamento parcial da força exercida pelo equipamento sobre a amostra alimentar, parte da energia é dissipada. Como não há deformação durante o relaxamento, nenhuma quantidade de energia é considerada trabalho e, portanto, é dissipada na forma de calor. Esse comportamento pode ser observado no segmento C-D.

O teste de compressão fornece informações sobre as propriedades estruturais e o comportamento dos produtos alimentícios sob estresse mecânico. Ajuda a avaliar a resistência de um material à deformação e a capacidade de recuperar a sua forma após a compressão. Essas propriedades desempenham um papel significativo na determinação dos atributos sensoriais e na aceitação de produtos alimentícios pelo consumidor (Foegeding e Drake 2007).

Diferentes instrumentos podem ser utilizados para realizar testes de compressão em reologia alimentar, como analisadores de textura ou máquinas de testes universais equipadas com sondas ou acessórios apropriados. Esses instrumentos permitem o controle preciso dos parâmetros de compressão e a medição precisa das forças e deslocamentos resultantes (Rolle *et al.*, 2012).

Os dados obtidos nos testes de compressão podem ser analisados posteriormente usando vários modelos matemáticos e equações reológicas para derivar parâmetros específicos e descrever o comportamento mecânico do material alimentar. Esses parâmetros podem ser comparados entre diferentes amostras de alimentos ou usados para avaliar o impacto da formulação, processamento ou condições de armazenamento nas propriedades texturais do produto (Joyner e Daubert, 2017).

O teste de compressão é amplamente utilizado na indústria alimentícia e química para controle de qualidade, desenvolvimento de produtos e otimização de técnicas de processamento de alimentos. Auxilia na determinação da textura e consistência adequadas dos produtos alimentícios, garantindo que atendam às expectativas e exigências do consumidor.

A partir destes ensaios de compressão uniaxial por meio da utilização dos texturômetros, podemos obter dados valiosos sobre o comportamento dos sólidos, conforme o exercício resolvido a seguir.

Exercício Resolvido

Sabonetes no formato de barra cilíndrica que possui 0,015 m de diâmetro e 0,020 m de altura possuem umidade de 7,5% e serão avaliados quanto as suas características de textura em um procedimento rotineiro de controle de qualidade através de um texturômetro que está programado para deformar 10% da altura inicial dos sabonetes. Os dados obtidos a partir do equipamento são apresentados na tabela abaixo. Com base nas informações fornecidas (altura, variação de altura e força), determine o módulo de elasticidade dos sabonetes.

Tabela 12. Dados experimentais obtidos pelo texturômetro para os sabonetes.

H (m)	ΔH (m)	F (N)
0,020	0,000	0,000
0,019	0,001	1,0
0,018	0,002	2,2
0,017	0,003	4,6
0,016	0,004	6,5

Resolução:

A partir da relação estabelecida na equação 85 podemos promover um rearranjo na equação para analisarmos o comportamento do raio em função da compressão:

$$(R_0 + \Delta R) = \sqrt{\frac{H_0 \cdot R_0^2}{H_0 - \Delta H}}$$

Sendo assim, aplicamos os valores fornecidos na tabela na equação acima e encontraremos o raio em cada uma das variações de altura.

$$(R_0 + \Delta R)_0 = \sqrt{\frac{0{,}020 \cdot (0{,}0075)^2}{0{,}020 - 0{,}0}} = \sqrt{\frac{0{,}000001125}{0{,}020}} = 0{,}00750\, m$$

$$(R_0 + \Delta R)_1 = \sqrt{\frac{0{,}020 \cdot (0{,}0075)^2}{0{,}020 - 0{,}001}} = \sqrt{\frac{0{,}000001125}{0{,}019}} = 0{,}00769\, m$$

$$(R_0 + \Delta R)_2 = \sqrt{\frac{0{,}020 \cdot (0{,}0075)^2}{0{,}020 - 0{,}002}} = \sqrt{\frac{0{,}000001125}{0{,}018}} = 0{,}00790\, m$$

$$(R_0 + \Delta R)_3 = \sqrt{\frac{0{,}020 \cdot (0{,}0075)^2}{0{,}020 - 0{,}003}} = \sqrt{\frac{0{,}000001125}{0{,}017}} = 0{,}00813\, m$$

$$(R_0 + \Delta R)_4 = \sqrt{\frac{0{,}020 \cdot (0{,}0075)^2}{0{,}020 - 0{,}004}} = \sqrt{\frac{0{,}000001125}{0{,}016}} = 0{,}00838\, m$$

Portanto, esta é a variação do raio a partir da modificação da altura dos cilindros de sabonete devido ao ensaio de compressão. Agora, iremos calcular a área do cilindro com base na variação do raio:

$$A_0 = \pi \cdot R_0^2 = 3{,}14 \times 0{,}00750 = 0{,}02355\, m^2$$
$$A_1 = \pi \cdot R_1^2 = 3{,}14 \times 0{,}00769 = 0{,}02414\, m^2$$
$$A_2 = \pi \cdot R_2^2 = 3{,}14 \times 0{,}00790 = 0{,}02480\, m^2$$
$$A_3 = \pi \cdot R_3^2 = 3{,}14 \times 0{,}00813 = 0{,}02552\, m^2$$
$$A_4 = \pi \cdot R_4^2 = 3{,}14 \times 0{,}00838 = 0{,}02631\, m^2$$

Com a determinação dos valores das áreas dos cilindros dos sabonetes, podemos calcular a tensão exercida sobre eles a partir da equação 86:

$$\tau = \frac{F}{A}$$

$$\tau_0 = \frac{F_0}{A_0} = \frac{0}{0,02355} = 0,0\ Pa$$

$$\tau_1 = \frac{F_1}{A_1} = \frac{1,0}{0,2414} = 4,14\ Pa$$

$$\tau_2 = \frac{F_2}{A_2} = \frac{2,2}{0,2480} = 8,87\ Pa$$

$$\tau_3 = \frac{F_3}{A_3} = \frac{4,6}{0,2552} = 18,02\ Pa$$

$$\tau_4 = \frac{F_4}{A_4} = \frac{5,9}{0,2631} = 24,70\ Pa$$

Para obtermos o módulo de elasticidade, vamos precisar traçar um gráfico de tensão *vs* deformação, sendo assim, a deformação pode ser determinada com base na equação 87, no caso desta questão, iremos substituir comprimento por altura:

$$\varepsilon = \left| ln\left(\frac{L}{L_0}\right) \right|$$

$$\varepsilon_0 = \left| ln\left(\frac{H}{H_0}\right) \right| = \left| ln\left(\frac{0}{0,020}\right) \right| = 0,00$$

$$\varepsilon_1 = \left| ln\left(\frac{\Delta H}{H_0}\right) \right| = \left| ln\left(\frac{0,0019}{0,0020}\right) \right| = 0,0512$$

$$\varepsilon_2 = \left|ln\left(\frac{\Delta H}{H_0}\right)\right| = \left|ln\left(\frac{0,0018}{0,0020}\right)\right| = 0,1053$$

$$\varepsilon_3 = \left|ln\left(\frac{\Delta H}{H_0}\right)\right| = \left|ln\left(\frac{0,0017}{0,0020}\right)\right| = 0,1625$$

$$\varepsilon_4 = \left|ln\left(\frac{\Delta H}{H_0}\right)\right| = \left|ln\left(\frac{0,0016}{0,0020}\right)\right| = 0,2231$$

Desta forma, temos que:

Tabela 13. Dados experimentais obtidos pelo texturômetro para os sabonetes.

H (m)	ΔH (m)	F (N)	τ (Pa)	ε
0,020	0,000	0,000	0,00	0,000
0,019	0,001	1,0	4,14	0,0512
0,018	0,002	2,2	8,87	0,1053
0,017	0,003	4,6	18,02	0,1625
0,016	0,004	6,5	24,70	0,2231

Após a utilização de um software de planilhas, um gráfico de tensão e deformação foi gerado, a linha de tendência linear foi aplicada e a equação do gráfico pode ser obtida:

Gráfico 5. Curva de tensão de cisalhamento e taxa de deformação.

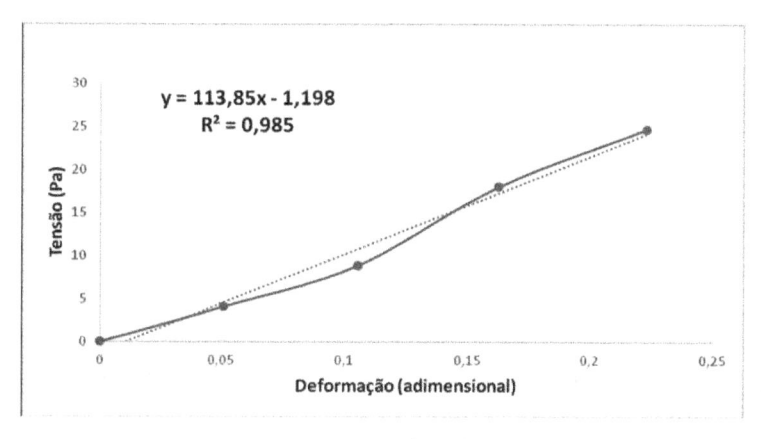

[Gráfico: eixo y "Tensão (Pa)" de 0 a 30; eixo x "Deformação (adimensional)" de 0 a 0,25; equação y = 113,85x - 1,198; R² = 0,985]

Fonte: Autor (2023).

Desta forma, a equação obtida pode ser escrita como:

$\tau = 113,85 \cdot \varepsilon - 1,198$

O coeficiente de determinação desta modelagem matemática é de 0,985; o que demonstra que o modelo matemático gerado explica 98,50% dos dados experimentais obtidos, sendo considerado um excelente ajuste.

Sendo assim, o módulo de elasticidade dos cilindros de sabão corresponde ao coeficiente angular desta equação, portanto, é de 113,85 Pa.

8.4 MOAGEM

A moagem é uma operação unitária essencial tanto na indústria de alimentos quanto na indústria química. Ela envolve a redução do tamanho das partículas de um material sólido por meio da aplicação de forças mecânicas. Essa redução de tamanho é realizada para diversos fins, como aumentar a área superficial do material, melhorar a eficiência de mistura, facilitar a dissolução em líquidos, criar pós finos para processos de secagem, entre outros.

A moagem é frequentemente usada para controlar a distribuição do tamanho de partícula. Isso é especialmente importante em aplicações onde a uniformidade do produto é crucial. Por exemplo, na indústria de alimentos, a moagem de grãos para produzir farinha requer um controle preciso do tamanho das partículas para garantir a qualidade do produto, como pães, bolos, massas para macarrão e biscoitos.

Esta operação promove sucessivas quebras na estrutura dos materiais, o que promove grandes variações dos tamanhos de partículas maiores, as convertendo em partículas menores. Contudo, o tamanho das partículas será reduzido até uma determinada faixa específica de acordo com as especificações do equipamento que está promovendo o processo de moagem.

Neste contexto, é importante que saibamos que promover o controle do tamanho das partículas produzidas durante a moagem é essencial, pois isso afeta as propriedades do produto. Isso pode ser feito ajustando a abertura do equipamento, a velocidade de rotação, o tempo de moagem e o tipo de material das peças de moagem.

No âmbito do controle do tamanho de partículas uma variável é essencial para podermos dimensionar um processo de moagem: o fator de forma. Ele é um parâmetro que descreve a relação entre a forma e o tamanho das partículas após o processo de moagem. É uma medida que possui a capacidade de avaliar a geometria das partículas e pode variar de acordo com a eficiência do processo e as características dos equipamentos de moagem utilizados. A sua relevância pode ser verificada em processos em que a forma das partículas trituradas é relevante e crítica para a qualidade do produto.

Podemos definir o fator de forma através da equação 88:

$$\lambda = \frac{\lambda_A}{\lambda_V} \qquad (88)$$

Onde:

λ_A é o fator de forma relacionado a área, enquanto λ_V é o fator de forma relacionado ao volume da partícula.

O fator de forma (λ) é uma maneira de caracterizar a forma ou proporção de um objeto em relação ao seu tamanho vertical. Quando o fator de forma é igual a 1 ($\lambda = 1$), isso significa que o objeto é perfeitamente esférico, com o mesmo tamanho vertical (altura) e axial (largura ou comprimento).

A moagem pode ser realizada em estado úmido (geralmente chamada de maceração) ou a seco, dependendo das propriedades do material a ser moído e dos requisitos do processo. A moagem úmida envolve a adição de líquidos durante o processo, o que pode ajudar na redução do tamanho das partículas e na prevenção da geração excessiva de calor. A moagem a seco é mais comum em algumas aplicações químicas, onde a presença de água pode ser indesejável. Em algumas situações, como a moagem de materiais sensíveis à variação de temperatura, a moagem criogênica é utilizada. Nesse método, o material é moído a temperaturas extremamente baixas usando nitrogênio líquido ou outro refrigerante criogênico para evitar danos térmicos ao produto, uma vez que que a moagem promove a formação de uma elevada força de atrito, a qual é dissipada em calor.

A força de atrito gerada durante o processo de moagem desempenha um papel importante na eficiência e no controle desse processo. Ela é a resistência ao movimento relativo entre as partículas sólidas que estão sendo moídas e as superfícies das peças de moagem, como as paredes do moinho ou os martelos. A força de atrito pode ser tanto benéfica quanto problemática, dependendo das circunstâncias.

Se por um lado ela ajuda a quebrar as partículas sólidas, facilitando a redução de tamanho, além disso, é através do atrito que os materiais são misturados de forma mais efetiva, resultando em uma distribuição mais homogênea das partículas trituradas. Por outro lado, é importante que você se atente ao fato de que o atrito constante entre as partículas e as peças de moagem pode ocasionar desgaste significativo no equipamento ao longo do tempo, o que exigirá uma manutenção frequente. O atrito gera calor, o que pode ser problemático em algumas situações, degradando produtos químicos. Ademais, a superação da resistência ao atrito exige alto consumo energético, o que pode elevar os custos operacionais em processos de moagem com elevado gasto energético.

Desta forma, é importante que saibamos realizar o controle da força de atrito aplicada durante a operação unitária de moagem, pois ela pode ser ajustada por meio de parâmetros como a velocidade de rotação do equipamento, pressão aplicada, quantidade de material que está sendo alimentada e até mesmo a lubrificação de peças do equipamento envolvidas no processo de moagem.

8.5 LEIS DE COMINUIÇÃO

Nesta seção, iremos destacar as leis que regem a cominuição, as quais descrevem as relações entre o tamanho das partículas e a energia consumida durante esses processos, são importantes para o projeto e otimização de equipamentos de redução de tamanho, como moinhos e trituradores. Alguns exemplos de leis de cominuição incluem a Lei de Rittinger, a Lei de Kick e a Lei de Bond, que descrevem como a energia específica necessária para reduzir o tamanho de partículas sólidas varia com o tamanho das partículas e as propriedades do material.

Essas leis são fundamentais para o dimensionamento adequado dos equipamentos e a previsão do consumo de energia em operações de cominuição na indústria. Elas ajudam a determinar a eficiência dos processos de redução de tamanho e a escolha de equipamentos apropriados para atingir os objetivos desejados de tamanho de partícula. Ao compreendermos como a energia é relacionada ao tamanho das partículas, podemos projetar sistemas de cominuição mais eficientes, economizar energia e reduzir custos de produção.

8.5.1 Lei de Rittinger

A Lei de Rittinger é uma das leis de cominuição que descreve matematicamente a relação entre a energia consumida e a redução do tamanho das partículas durante o processo de cominuição. Ela é frequentemente utilizada para entender como a energia é consumida quando um material é quebrado em partículas menores, como nas operações de trituração, moagem ou britagem.

Ela afirma que a energia consumida é diretamente proporcional à diferença inversa entre o tamanho médio das partículas iniciais (d) e o tamanho médio das partículas finais (d_0). Em outras palavras, quanto mais finamente você deseja moer ou triturar um material, mais energia será necessária, e a relação é linear.

Esta lei é aplicável principalmente a materiais frágeis, onde a quebra ocorre principalmente por fratura. Para materiais mais resistentes ou elásticos, outras leis de cominuição, como a Lei de Kick ou a Lei de Bond, podem ser mais adequadas.

Matematicamente, a Lei de Rittinger pode ser descrita pela equação 89:

$$E = K_R \cdot \left(\frac{1}{d} - \frac{1}{d_0}\right) \qquad (89)$$

Onde:

E é a energia específica do processo (J/kg), K_R é denominada de constante de Rittinger (J.m/kg); d_0 é a dimensão média inicial das partículas (m) e d consiste na dimensão média final das partículas (m).

A constante de Rittinger representa a resistência do material à cominuição e é uma característica específica do material e do sistema de moagem. Quanto maior o valor de K_R para um material, mais energia é necessária para reduzir o tamanho das partículas. Em contrapartida, materiais mais frágeis têm valores de K_R menores, o que significa que menos energia é necessária para a mesma redução de tamanho. É importante destacar que a constante de Rittinger é geralmente determinada empiricamente através de testes de laboratório, nos quais o consumo de energia é medido para diferentes tamanhos de partículas iniciais e finais. Esses testes permitem que os engenheiros e cientistas calculem o valor de K_R para um material específico sob condições específicas de moagem. Portanto, o valor de K_R pode variar de material para material e de sistema de moagem para sistema de moagem.

A partir do cálculo da energia específica para a realização do processo de moagem, é possível obtermos a potência necessária que o equipamento deve possuir para proporcionar a redução das partículas através da equação 90.

$$P_0 = E \cdot \dot{Q}_m \qquad (90)$$

Onde:

P_0 consiste na potência do equipamento (J/s ou W).

Q_m é a vazão mássica de alimentação do moinho (kg/h).

8.5.2   Lei de Kick

A Lei de Kick é outra das leis de cominuição que descreve matematicamente a relação entre a energia consumida e a redução do tamanho das partículas durante o processo de cominuição. A Lei de Kick é geralmente aplicada a materiais mais resistentes e elásticos, nos quais a quebra ocorre principalmente por deformação e não por fratura. Ela estabelece que a energia consumida é diretamente proporcional ao logaritmo natural da razão do tamanho das partículas iniciais (d_0 para o tamanho das partículas finais (d). Isso significa que a quantidade de energia necessária aumenta de forma não linear à medida que você tenta reduzir o tamanho das partículas iniciais.

Contudo, para uma mesma razão entre o tamanho inicial e final das partículas, o gasto energético é o mesmo. Isso reflete a ideia de que, para reduções de tamanho substanciais, o consumo de energia é maior, mas à medida que as partículas se tornam cada vez menores, a energia necessária para fazer reduções adicionais se torna progressivamente menor. Isso é particularmente relevante quando se trabalha com materiais mais resilientes ou elásticos, onde a deformação plástica desempenha um papel importante na cominuição.

A modelagem matemática é apresentada na equação 91.

$$E = K_k \cdot \ln\left(\frac{d}{d_0}\right) \qquad (91)$$

Onde:

K_B consiste na constante de Kick (J/kg).

A Lei de Kick é especialmente relevante em operações de cominuição que envolvem deformação plástica dos materiais, como laminagem e extrusão, em que as partículas são espremidas ou estiradas para reduzir seu tamanho. É importante ressaltar que a constante de Kick, também é determinada empiricamente através de testes experimentais e varia de acordo com o material e o sistema de moagem utilizado.

8.5.3 Lei de Bond

A Lei de Bond, também conhecida como Lei de Cominuição de Bond, é outra das leis clássicas de cominuição que descreve a relação entre a energia consumida e a redução de tamanho das partículas durante o processo de cominuição. Esta lei é frequentemente aplicada a uma ampla gama de materiais e sistemas de moagem, e é uma das leis mais amplamente utilizadas na indústria. Ela estabelece que a energia consumida para a redução de tamanho é inversamente proporcional à raiz quadrada do tamanho reduzido das partículas, conforme apresentado na equação 92.

$$E = 2K_B \cdot \left(\frac{1}{\sqrt{d}} - \frac{1}{\sqrt{d_0}}\right) \qquad (92)$$

Onde:

K_B é a constante de Bond (J · $\sqrt{m}$/kg)

A partir desta equação, Bond desenvolveu a sua constante em função de um conceito denominado de Índice de Trabalho de Bond (W), que consiste em uma medida da resistência de um material à cominuição em processos de moagem. Ele é amplamente utilizado na indústria de mineração e metalurgia para avaliar a eficiência dos equipamentos de moagem e projetar circuitos de moagem. De modo geral, ele pode ser definido como a energia necessária para promover a redução de uma unidade de massa de um dado material do tamanho inicial até um tamanho que 80% da massa das partículas consiga passar por uma peneira de 100 μm. Desta forma, podemos substituir K_B da equação 92 por W:

$$E = 10\,W \cdot \left(\frac{1}{\sqrt{D}} - \frac{1}{\sqrt{D_0}}\right) \qquad (93)$$

Onde:

W é o Índice de Trabalho de Bond (J/kg), enquanto D é o diâmetro de abertura de peneira que passam 80% das partículas de tamanho reduzido e D_0 o diâmetro de abertura de peneira onde passam 80% das partículas na alimentação do moinho.

O Índice de Trabalho de Bond fornece uma medida da eficiência da moagem para o material testado. Quanto maior o valor do Índice de Trabalho de Bond, maior a resistência do material à moagem. Isso é importante para dimensionar moinhos, calcular o consumo de energia e otimizar o processo de moagem em operações de processamento de minérios.

Exercício resolvido

Partículas de farinha de ervilha são reduzidas de 5 mm para 3 mm a uma vazão de 100 kg/h através de um moinho, o qual consome 50 W para realizar esta operação. Determine qual será a energia específica requerida pelo mesmo equipamento para promover a redução do mesmo material de 3 mm para 1,5 mm a uma vazão de 70 kg/h, considerando que o processo de moagem segue a Lei de Rittinger.

Resolução:

Neste caso, é necessário avaliar inicialmente a primeira situação e converter a vazão em quilogramas por segundo, para satisfazer a análise dimensional, uma vez que a potência é dada em watts, o que é equivalente a joules por segundo:

$$\frac{100}{3600} = 0,027 \ kg/s$$

Aplicando a equação 90, temos que:

$$P_0 = E \cdot \dot{Q}_m \rightarrow E = \frac{P_0}{\dot{Q}_m}$$

$$E = \frac{50}{0,027} = 1851 \ J/kg$$

Agora, utilizaremos a equação 89 para encontrarmos a constante de Rittinger. Utilizaremos os diâmetros transformados para metros (10^{-3}).

$$E = K_R \cdot \left(\frac{1}{d} - \frac{1}{d_0}\right)$$

$$K_R = \frac{E}{\left(\frac{1}{d} - \frac{1}{d_0}\right)} = \frac{1851}{\left(\frac{1}{3 \cdot 10^{-3}} - \frac{1}{5 \cdot 10^{-3}}\right)} = \frac{1851}{(333,33 - 200)} = 13,88 \ j.m/kg$$

Como a situação 2 ainda se trata de farinha de ervilha, o valor da constante de Rittinger permanece o mesmo, desta forma, podemos aplicar a equação 90 novamente, só que agora considerando a redução das partículas de 3 mm para 1,5 mm:

$$E = K_R \cdot \left(\frac{1}{d} - \frac{1}{d_0}\right) = 13{,}88 \cdot \left(\frac{1}{1{,}5 \cdot 10^{-3}} - \frac{1}{3{,}0 \cdot 10^{-3}}\right)$$

$$E = 13{,}88 \cdot (666{,}67 - 333{,}33) = 4626{,}75 \, J/kg$$

A partir do valor de energia obtido para a situação de redução de 3mm para 1,5 mm podemos verificar se a potência do moinho é adequada para a realização deste processo através do uso da equação 90, considerando agora uma vazão de 70 kg/h (0,019 kg/s).

$$P_0 = E \cdot \dot{Q}_m = 4626{,}75 \cdot 0{,}019 = 87{,}90 \, W$$

Desta forma, a potência requerida pelo motor para realizar esta nova situação de redução de tamanho de partícula é 87,90 W, entretanto, como o motor fornece 50 W, ele não é adequado para esta nova condição. Alguns ajustes operacionais podem ser realizados de modo que ele se torne adequado, como, por exemplo, promover a redução da vazão de alimentação na entrada do equipamento, de modo que o moinho seja menos exigido.

Exercício resolvido

Um moinho consome 6.000 W para promover a redução de cristais de sal grosso (80% do material passa em uma peneira de 420 μm de abertura), em sal refinado, de modo que 80% do material passe em uma peneira de 100 μm de abertura. Determine o consumo energético, de modo que 80% do material passe por uma peneira de 150 μm, considerando a equação de Bond.

Resolução:

A resolução desta questão inicia-se com a utilização da equação de Bond (93) dentro da equação da determinação da potência (90):

$$P_0 = E \cdot \dot{Q}_m$$

$$E = 10\,W \cdot \left(\frac{1}{\sqrt{D}} - \frac{1}{\sqrt{D_0}}\right)$$

Desta forma, temos que:

$$P_0 = 10\,W \cdot \left(\frac{1}{\sqrt{D}} - \frac{1}{\sqrt{D_0}}\right) \cdot \dot{Q}_m$$

É importante observarmos que a nova operação de moagem envolve o mesmo produto e a mesma vazão, portanto, podemos afirmar que $Q_1 = Q_2$ e $W_1 = W_2$, ao igualarmos as potências das situações 1 e 2, temos a seguinte relação:

$$P_{0(1)} = 10\,W_1 \cdot \left(\frac{1}{\sqrt{D_1}} - \frac{1}{\sqrt{D_{0(1)}}}\right) \cdot \dot{Q}_1 = P_{0(2)} = 10\,W_2 \cdot \left(\frac{1}{\sqrt{D_2}} - \frac{1}{\sqrt{D_{0(2)}}}\right) \cdot \dot{Q}_2$$

Rearranjando a equação para isolar a potência na situação 2:

$$P_{0(2)} = \left[\frac{P_{0(1)}}{10 \cdot \left(\frac{1}{\sqrt{D_1}} - \frac{1}{\sqrt{D_{0(1)}}}\right)}\right] \cdot \left[10 \cdot \left(\frac{1}{\sqrt{D_2}} - \frac{1}{\sqrt{D_{0(2)}}}\right)\right]$$

Substituindo os valores fornecidos na questão (lembre-se de converter μm para metro):

$$P_{0(2)} = \left[\frac{6000}{10 \cdot \left(\frac{1}{\sqrt{100x10^{-6}}} - \frac{1}{\sqrt{420x10^{-6}}}\right)}\right] \cdot \left[10 \cdot \left(\frac{1}{\sqrt{150x10^{-6}}} - \frac{1}{\sqrt{420x10^{-6}}}\right)\right]$$

$$P_{0(2)} = \left[\frac{6000}{10 \cdot \left(\frac{1}{0,01} - \frac{1}{0,020}\right)}\right] \cdot \left[10 \cdot \left(\frac{1}{0,012} - \frac{1}{0,020}\right)\right]$$

$$P_{0(2)} = \left[\frac{6000}{10 \cdot (100 - 50)}\right] \cdot [10 \cdot (83,33 - 50)]$$

$$P_{0(2)} = 12 \cdot 333,33$$

$$P_{0(2)} = 3.999,96 \, W$$

$$P_{0(2)} \sim 4,0 \, kW$$

Portanto, o consumo energético será de, aproximadamente, 4,0 kW.

Exercício resolvido

Se a granulometria do exercício anterior fosse mantida constante, determine qual o percentual de aumento da produção seria possível se o consumo de energia por parte do moinho fosse mantido em 6.000 W.

Resolução:

Neste caso, precisamos entender que por se tratar de um mesmo produto, a energia necessária para este processo também é constante, desta forma, podemos concluir que o aumento da produção está diretamente relacionado ao aumento da potência empregada, portanto, podemos relacionar a potência entre as duas situações:

$$\frac{P_{0\,(2)}}{P_{0\,(1)}} = \frac{3.999,96}{6.000} = 0,66$$

Logo, a produção poderia ser aumentada em, aproximadamente, 66%.

8.6 DISTRIBUIÇÃO DO TAMANHO DE PARTÍCULA

A análise da distribuição de partículas desempenha um papel crítico em diversas indústrias, incluindo as de alimentos e química. O tamanho e a distribuição de partículas podem afetar a qualidade, o desempenho e as características dos produtos, e, portanto, é essencial entender e controlar esses parâmetros. O tamanho das partículas pode afetar diretamente a textura e a sensação na boca dos alimentos. Por exemplo, o tamanho das partículas em um molho de tomate pode influenciar a sua viscosidade e a sensação na língua ao ser consumido.

Em produtos como molhos, suspensões, cremes, combustíveis e emulsões, a distribuição de tamanho de partículas influencia a estabilidade. Partículas muito grandes podem sedimentar rapidamente, enquanto partículas muito pequenas podem não fornecer a estrutura desejada. Em produtos em pó, como bebidas instantâneas, misturas de panificação ou mistura para composição de tintas e cimentos, a distribuição de tamanho de partículas afeta a capacidade de mistura e a dissolução homogênea. Por sua vez, nos processos químicos, o tamanho das partículas é crítico para a produção de materiais com as propriedades desejadas, como catalisadores, produtos farmacêuticos, pigmentos e polímeros.

Nas reações químicas heterogêneas, a área de superfície específica das partículas desempenha um papel crucial na velocidade e eficiência das reações. O tamanho das partículas pode ser projetado para otimizar a reatividade. Em processos de separação e filtração, o tamanho das partículas é um fator crítico para o desempenho do processo. Partículas muito pequenas podem entupir filtros, enquanto partículas muito grandes podem não ser separadas de forma eficiente. Já produtos químicos destinados a aplicações específicas, como produtos farmacêuticos precisam atender a padrões rigorosos de qualidade, que frequentemente incluem requisitos de distribuição de tamanho de partículas.

Neste contexto, precisamos entender que a distribuição do tamanho de partícula consiste em uma ferramenta importante na determinação dos tamanhos médios de partícula de alimentos e produtos químicos, de modo a padronizar e conseguir otimizar, com maior precisão, os processos dentro da indústria.

Diversos métodos podem ser aplicados para obtermos a distribuição do tamanho médio de partículas, como através de microscópios eletrônicos de varredura, difrações a laser, métodos que envolvem o peneiramento, dentre outros. Nesta seção, iremos tratar de três métodos: o diâmetro médio de Sauter, diâmetro da partícula pela série de peneiras Tyler e os métodos de distribuição de tamanho elaborados por Gates-Gaudin-Schuhmann (GGS) e Rosin-Rammler-Bennet (RRB).

8.6.1   Diâmetro Médio de Sauter

O diâmetro médio de Sauter, também conhecido como D_s, é um parâmetro importante na análise da distribuição de tamanho de partículas. Esse diâmetro é uma medida que descreve a distribuição das partículas em um material, levando em consideração o volume das partículas. Ele é frequentemente usado em conjunto com outros parâmetros, para caracterizar completamente a distribuição de tamanho de partículas.

Ele pode ser é definido como o diâmetro de uma única esfera hipotética que teria o mesmo volume que todas as partículas do sistema. Em outras palavras, ele representa o diâmetro de uma esfera que teria um volume igual ao volume total das partículas no material. Essa medida é uma média ponderada pelo volume, o que significa que as partículas maiores contribuem mais para o cálculo do D_s do que as partículas menores.

Matematicamente ele pode ser definido como:

$$D_s = \frac{\Sigma V_p \cdot D_p^3}{\Sigma v_p} \qquad (94)$$

Onde:

V_p é o volume das partículas (m³).

D_p corresponde ao diâmetro das partículas (m).

8.6.2 Diâmetro Médio utilizando a série de peneiras Tyler

O diâmetro médio utilizando a série de peneiras Tyler é uma medida comum para descrever a distribuição de tamanho de partículas em materiais granulares, como areia, solo, minerais e outros produtos que podem ser peneirados. A série de peneiras Tyler é uma série padronizada de peneiras com tamanhos de abertura progressivamente menores. A fórmula para calcular o diâmetro médio usando a série de peneiras Tyler envolve a ponderação das frações de material retidas em cada peneira em relação ao tamanho da abertura da peneira. Isso resulta em um valor que representa o diâmetro médio das partículas no material, levando em consideração a quantidade de material em cada faixa de tamanho. Ela ajuda a quantificar a distribuição de tamanho de partículas em um material granular, o que é crucial para o planejamento e o controle de processos em muitas indústrias e campos de pesquisa.

A equação 95 apresenta o cálculo referente ao diâmetro da partícula por este método:

$$D_p = \frac{1}{\Sigma \frac{X_n}{a_n}} \quad (95)$$

Onde:

X_n consiste na fração mássica retida em uma determinada peneira (kg/kg total).

a_n é a abertura de uma dada peneira (mm).

8.6.3 Distribuição de tamanho de partícula de Gates-Gaudin-Schuhmann

A distribuição de tamanho de partícula de Gates-Gaudin-Schuhmann (GGS) é uma função matemática usada para descrever a distribuição de tamanho de partículas em um material. Ela é especialmente aplicável na indústria e em pesquisas científicas para caracterizar a variedade de tamanhos das partículas em suspensões ou pós. A distribuição GGS é uma distribuição de probabilidade que modela como as partículas estão distribuídas em diferentes tamanhos dentro de um material. A distribuição de Gates-Gaudin-Schuhmann é uma distribuição assimétrica que pode acomodar uma variedade de formatos de distribuição de tamanho de partículas.

Esta distribuição é frequentemente usada em engenharia química e de alimentos, metalurgia, processamento de minerais e outras áreas onde o controle do tamanho das partículas é fundamental. Ela é particularmente útil para descrever sistemas com uma gama ampla de tamanhos de partículas, onde as partículas maiores e menores desempenham papéis diferentes nas propriedades do material ou no processo de produção. A distribuição GGS é uma ferramenta poderosa para análise e modelagem de sistemas de partículas complexos.

A equação 96 demonstra a modelagem matemática para o método GGS:

$$X_f = \left(\frac{a_n}{K_{GGS}}\right)^{I_{GGS}} \qquad (96)$$

Onde:

K_{GGS} é o tamanho médio de partícula, sua unidade é dependente da que será utilizada nas peneiras, geralmente milímetros ou micrômetros.

J_{GGS} consiste em um parâmetro que representa a dispersão da distribuição granulométrica (adimensional). Também pode ser chamado de "derivada de GGS".

A derivada da distribuição GGS é útil para analisar como a distribuição de tamanho de partículas muda com a variação do tamanho. Essa informação pode ser valiosa em uma variedade de aplicações, incluindo engenharia de processos, design de equipamentos e controle de qualidade, onde a compreensão da distribuição de tamanho de partículas é importante para otimização de processos e produtos.

Para obtermos os parâmetros do modelo de distribuição GGS é necessário obtermos uma equação a partir de uma reta formada entre os parâmetros da equação linearizados, desta forma, a equação 97 apresenta a equação 96 linearizada:

$$\ln X_f = I_{GGS} \cdot \ln\left(\frac{a_n}{K_{GGS}}\right) = I_{GGS} \cdot \ln(a_n) - I_{GGS} \cdot \ln(K_{GGS}) \quad (97)$$

8.6.4 Distribuição de tamanho de partícula de Rosin-Rammler-Bennet

A distribuição de tamanho de partícula de Rosin-Rammler-Bennett (RRB) é uma função matemática usada para descrever a distribuição do tamanho das partículas em um material. Essa distribuição é comumente aplicada em engenharia química, alimentos, ciência dos materiais e em várias outras disciplinas onde é importante analisar e entender a distribuição de tamanho das partículas em suspensões, pós, sólidos granulados e outros materiais.

A distribuição de RRB assume uma distribuição log-normal das partículas no espaço logarítmico, o que significa que as partículas são distribuídas de acordo com uma curva de Gauss nesse espaço. Essa distribuição é útil para caracterizar sistemas de partículas onde a variação de tamanho é significativa, e a análise da distribuição de tamanho é importante para o controle de processos, projeto de equipamentos e otimização de produtos.

Sua modelagem matemática é expressa pela equação 98.

$$X_f = 1 - exp\left[-\left(\frac{a_n}{K_{RRB}}\right)\right]^{J_{RRB}} \quad (98)$$

Onde:

K_{RRB} é o tamanho médio de partícula, sua unidade é dependente da que será utilizada nas peneiras, geralmente milímetros ou micrômetros.

J_{RRB} consiste em um parâmetro que representa a dispersão da distribuição granulométrica (adimensional). Também pode ser chamado de "derivada de RRB".

A derivada da distribuição de tamanho de partícula de Rosin-Rammler-Bennett (RRB) é uma medida da taxa de variação da distribuição em relação ao tamanho das partículas. Ela é frequentemente usada para analisar como a distribuição de tamanho de partículas muda à medida que o tamanho das partículas aumenta. A derivada da RRB é especialmente útil quando se deseja entender a taxa de variação da distribuição em relação ao diâmetro das partículas.

Para obtermos os parâmetros do modelo de distribuição RRB é necessário obtermos uma equação a partir de uma reta formada entre os parâmetros da equação linearizados, desta forma, a equação 99 apresenta a equação 98 linearizada:

$$\ln(-\ln(1 - X_f)) = I_{RRB} \cdot \ln\left(\frac{a_n}{K_{RRB}}\right) = I_{RRB} \cdot \ln a_n - I_{RRB} \cdot \ln K_{RRB} \quad (99)$$

Exercício Resolvido

Os dados de distribuição de tamanho de partícula de acerola em pó são mostrados na tabela abaixo. Verifique qual o melhor ajuste dos dados experimentais utilizando os modelos GGS e RRB.

Tabela 14. Dados obtidos do peneiramento de acerola em pó.

Peneira (*Mesh*)	a_n (µm)	Massa Retida (g)
20	833	1,58
35	417	12,10
65	208	26,95
150	104	0,95

Resolução:

O primeiro passo para a resolução desta questão é encontrar as frações mássicas que ficam retidas dentro das peneiras, de acordo com a relação da massa retida em cada peneira, dividido pela massa total:

$$X_f = \frac{m_R}{m_T}$$

Desta forma, para calcularmos quanto de fração mássica de acerola em pó ficou retida em cada peneira, necessitamos saber qual a massa total de material peneirado:

$$m_T = (1{,}58 + 12{,}10 + 26{,}95 + 0{,}95) = 41{,}58 \; g$$

$$X_{f\,20} = \frac{1{,}28}{41{,}58} = 0{,}030 \; g/g$$

$$X_{f\,35} = \frac{12{,}10}{41{,}58} = 0{,}291 \; g/g$$

$$X_{f\,65} = \frac{26{,}95}{41{,}58} = 0{,}648 \; g/g$$

$$X_{f\,150} = \frac{0{,}95}{41{,}58} = 0{,}022 \; g/g$$

Desta forma, podemos tabelar os valores de X_f, lembrando que os valores que calculamos são a fração mássica retida em cada peneira, e para considerarmos no cálculo dos modelos, deve ser levado em consideração a fração mássica de material que ainda será peneirada. A fração total é considerada 1,0.

Portanto,

$X_{f\,20} = 1 - 0{,}030 = 0{,}97\ g/g$

$X_{f\,35} = 0{,}97 - 0{,}291 = 0{,}679\ g/g$

$X_{f\,65} = 0{,}679 - 0{,}648 = 0{,}031\ g/g$

$X_{f\,150} = 0{,}031 - 0{,}022 = 0{,}009\ g/g$

Então, podemos considerar que praticamente todo o material foi peneirado, pois a fração mássica que passou pela peneira de 150 é de 0,009 g/g ou 0,9%. A equação 97 faz referência à equação do modelo GGS linearizada, portanto, de posse dos dados de a_n e X_f, temos que calcular o logaritmo neperiano de cada um dos dados. Eles serão expressos na tabela 15.

Tabela 15. Dados obtidos do peneiramento de acerola em pó e calculados.

Peneira (*Mesh*)	$a_n(\mu m)$	Massa Retida (g)	X_f	$\ln a_n$	$\ln X_f$	$\ln(-\ln(1-X_f))$
20	833	1,58	0,97	6,725	−0,0304	1,254
35	417	12,10	0,679	6,033	−0,3871	0,127
65	208	26,95	0,031	5,337	−3,473	−3,458
150	104	0,95	0,009	4,644	−4,710	−4,706

De posse destes dados, podemos traçar o gráfico necessário para aplicarmos o modelo GGS ($\ln X_f$ vs $\ln a_n$):

Gráfico 6. ln Xf *vs* ln an.

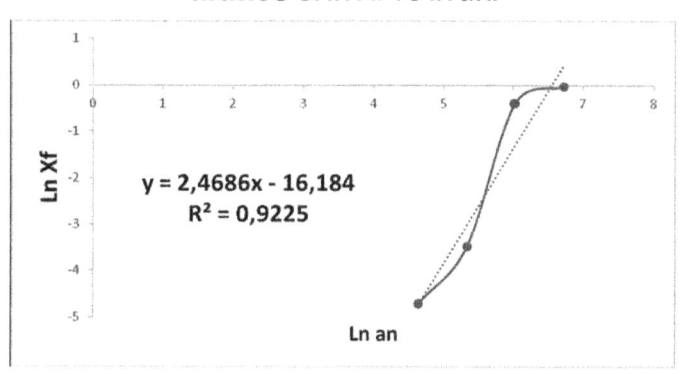

[Gráfico: y = 2,4686x - 16,184; R² = 0,9225]

Fonte: Autor (2023).

Após traçarmos a linha de tendência linear, obtemos a seguinte equação:

$$\ln X_f = 2{,}4686 \cdot \ln a_n - 16{,}184$$

Portanto, semelhante à equação 97:

$$\ln X_f = I_{GGS} \cdot \ln\left(\frac{a_n}{K_{GGS}}\right) = I_{GGS} \cdot \ln(a_n) - I_{GGS} \cdot \ln(K_{GGS})$$

Logo, temos que I_{GGS} é o coeficiente angular da reta, portanto, I_{GGS} = 2,4684, enquanto $I_{GGS} \cdot ln(K_{GGS})$ = 16,184, eliminando o logaritmo neperiano para obter K_{GGS}:

$$K_{GGS} = e^{\frac{16,184}{I_{GGS}}} = e^{\frac{16,184}{2,4686}} = 703{,}41 \ \mu m$$

Sendo assim, pelo método GGS, o diâmetro médio das partículas de acerola em pó é de 703,41 *μm*.

Agora, vamos calcular a variável necessária para o método RRB, que é o *ln(–ln(1 –X$_f$))*, e os valores serão inseridos na Tabela 15. Após esta determinação, traçamos um gráfico *ln(–ln(1–X$_f$))* vs *ln a$_n$*:

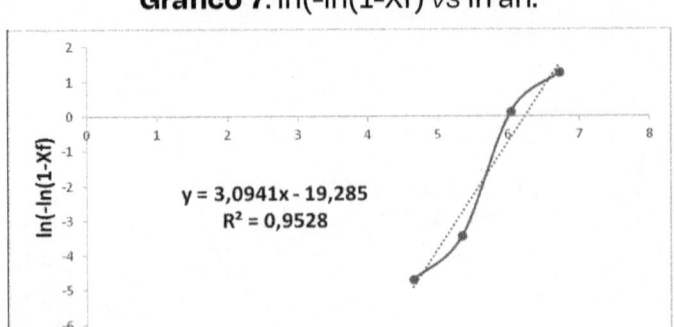

Gráfico 7. ln(-ln(1-Xf) vs ln an.

y = 3,0941x - 19,285
R² = 0,9528

Fonte: Autor (2023).

Logo, temos que:

$$\ln(-\ln 1 - X_f) = 3{,}0941 \cdot \ln a_n - 19{,}285$$

Portanto, semelhante à equação 99:

$$\ln(-\ln(1 - X_f)) = I_{RRB} \cdot \ln\left(\frac{a_n}{K_{RRB}}\right) = I_{RRB} \cdot \ln a_n - I_{RRB} \cdot \ln K_{RRB}$$

Da mesma forma, o I_{RRB} é o coeficiente angular da reta, portanto, $I_{RRB} = 3{,}0941$, enquanto $I_{RRB} \cdot \ln K_{RRB} = 19{,}285$. Rearranjando para obtermos K_{RRB}, temos que:

$$K_{RRB} = \frac{e^{\frac{19{,}285}{I_{RRB}}}}{\Gamma_{(x)}}$$

Onde:

$\Gamma(x)$ é a função gama.

Logo, temos que encontrar o valor de $\Gamma_{(x)}$ para podermos determinar o valor de K_{RRB}:

Para isso, temos que calcular inicialmente o valor de x, através da seguinte relação:

$$x = 1 - \left(\frac{1}{I_{RRB}}\right) = 1 - \left(\frac{1}{3,0941}\right) = 0,676$$

Caso valor de x fosse algum número entre 1 e 2, poderíamos olhar diretamente o valor de $\Gamma_{(x)}$ para a função gama, contudo, como o valor é inferior a 1,0, temos que utilizar a seguinte relação:

$\Gamma_{(x+1)} = x \cdot \Gamma_{(x)}$

$\Gamma_{(0,676+1)} = 0,676 \cdot \Gamma_{(x)}$

$\Gamma_{(1,676)} = 0,676 \cdot \Gamma_{(x)}$

O valor de $\Gamma_{(1,676)}$ pode ser encontrado a partir da função gama, a qual está apresentada no Apêndice A1, ao final deste livro. Ao olharmos este apêndice, podemos encontrar que o valor de $\Gamma_{(1,676)}$ é de: 0,90330. Logo:

$0,90330 = 0,676 \cdot \Gamma_{(x)}$

$$\Gamma_{(x)} = \frac{0,90330}{0,676} = 1,336$$

Aplicando na equação para determinarmos K_{RRB}:

$$K_{RRB} = \frac{e^{\frac{19,285}{I_{RRB}}}}{1,336} = \frac{e^{\frac{19,285}{3,0941}}}{1,336} = \frac{508,772}{1,336} = 380,81 \, \mu m$$

Desta forma, o tamanho médio das partículas da acerola em pó através do método RRB é de 380,81 μm, o que faz o total sentido, pois as maiores retenções de fração mássica foram entre as peneiras de 417 e 208 μm, além disso, o modelo matemático gerado pelo método RRB apresentou um coeficiente de determinação (R^2) superior ao método GGS.

8.7 EXERCÍCIOS DE FIXAÇÃO

1. O que são as operações de cominuição?
2. Quais as principais leis que regem o processo de cominuição de partículas? descreva cada uma delas.
3. Quais os diferentes métodos para determinar o tamanho médio de partícula? Descreva cada um deles.
4. Dados de partículas de bagaço de caju foram obtidos a partir de um sistema de peneiras Tyler, conforme apresentado na tabela abaixo. Determine o diâmetro médio das partículas.

Tabela 16. Dados obtidos após o peneiramento.

Número da Peneira	a_n (mm)	Massa retida (g)
3	3,69	50,44
14	1,44	22,10
20	1,02	88,26
28	0,70	94,68
35	0,49	83,11
48	0,33	22,07
65	0,24	12,10
100	0,13	4,11
200	0,09	1,95

5. Analise os dados de uma distribuição de tamanho de partícula em um sistema particulado constituído por tomate em pó, mostrado na tabela abaixo. Verifique qual o melhor ajuste dos dados experimentais a partir dos modelos GGS e RRB.

Tabela 17. Dados da distribuição granulométrica.

Peneira (*Mesh*)	a_n (μm)	Massa Retida (g)
20	828	-
28	582	0,04
35	400	0,39
48	300	1,22
65	210	0,63
80	149	0,12
105	102	0,02
Fundo	-	0,01

8.8 BIBLIOGRAFIA RECOMENDADA

BARBOSA-CÁNOVAS, G. V.; JULIANO, P. *Physical and Chemical Properties of Food Powders*, 1. ed. Boca Ratón: CRC Press, 2005. 36 p.

EARLE, R. L. *Unit Operations in Food Processing*. 2. ed. Oxford: Pergamon Press, 2013. 201 p.

MEIRELES, M. A. A.; PEREIRA, C. G. *Fundamentos de Engenharia de Alimentos*. 1. ed. São Paulo: Editora Atheneu, 2013. 815 p. v. 6.

ORTEGA-RIVAS, E. *Size Reduction. Non-thermal Food Engineering Operations*, 2012. 71-87 p.

PARK, S. H.; LAMSAL, B. P.; BALASUBRAMANIAM, V. M. *Principles of Food Processing*, Cambridge: Wiley, 2014. 82 p.

SINGH, R. P.; HELDMAN, D. R. I*ntroduction to Food Engineering*. 5. ed. London: Elsevier, 2014. 892 p.

TADINI, C. C.; TELIS, V. R. N.; MEIRELLES, A. J. A.; FILHO, P. A. P. *Operações Unitárias na Indústria de Alimentos*. 1. ed. Rio de Janeiro: Editora LTC, 2016. 562 p. v. 1.

APÊNDICE A1

Valores de gama para a função gama

x	$\Gamma(x)$	x	$\Gamma(x)$
1,00	1,00000	1,50	0,88623
1,01	0,99433	1,51	0,88659
1,02	0,98884	1,52	0,88704
1,03	0,98355	1,53	0,88757
1,04	0,97844	1,54	0,88818
1,05	0,97350	1,55	0,88887
1,06	0,96874	1,56	0,88964
1,07	0,96415	1,57	0,89049
1,08	0,95973	1,58	0,89142
1,09	0,95546	1,59	0,89242
1,10	0,95135	1,60	0,89352
1,11	0,94740	1,61	0,89468
1,12	0,94359	1,62	0,89592
1,13	0,93993	1,63	0,89724
1,14	0,93642	1,64	0,89864
1,15	0,93304	1,65	0,90012
1,16	0,92980	1,66	0,90167
1,17	0,92670	1,67	0,90330
1,18	0,92373	1,68	0,90500
1,19	0,92089	1,69	0,90678
1,20	0,91817	1,70	0,90864
1,21	0,91558	1,71	0,91057
1,22	0,91311	1,72	0,91258
1,23	0,91075	1,73	0,91467
1,24	0,90852	1,74	0,91684
1,25	0,90640	1,75	0,91906
1,26	0,90440	1,76	0,92137

1,27	0,90250	1,77	0,92376
1,28	0,90072	1,78	0,92623
1,29	0,89904	1,79	0,92877
1,30	0,89747	1,80	0,93138
1,31	0,89600	1,81	0,93408
1,32	0,89464	1,82	0,93685
1,33	0,89338	1,83	0,93969
1,34	0,89222	1,84	0,94261
1,35	0,89115	1,85	0,94561
1,36	0,89018	1,86	0,94869
1,37	0,88931	1,87	0,95184
1,38	0,88854	1,88	0,95507
1,39	0,88785	1,89	0,95838
1,40	0,88726	1,90	0,96177
1,41	0,88676	1,91	0,96523
1,42	0,88636	1,92	0,96877
1,43	0,88604	1,93	0,97240
1,44	0,88581	1,94	0,97610
1,45	0,88566	1,95	0,97988
1,46	0,88560	1,96	0,98374
1,47	0,88563	1,97	0,98768
1,48	0,88575	1,98	0,99171
1,49	0,88595	1,99	0,99581
1,50	0,88623	2,00	1,00000